别用情绪控制我

重建全新的情绪体验

李勇 王永峰/著

中华工商联合出版社

图书在版编目（CIP）数据

别用情绪控制我 / 李勇，王永峰著. -- 北京：中华工商联合出版社，2023.7
ISBN 978-7-5158-3706-2

Ⅰ.①别… Ⅱ.①李… ②王… Ⅲ.①情绪–自我控制–通俗读物 Ⅳ.①B842.6-49

中国国家版本馆CIP数据核字（2023）第124733号

别用情绪控制我

作　　者：	李　勇　王永峰
出 品 人：	刘　刚
责任编辑：	于建廷　王　欢
装帧设计：	周　源
责任审读：	傅德华
责任印制：	陈德松
出版发行：	中华工商联合出版社有限责任公司
印　　刷：	三河市宏盛印务有限公司
版　　次：	2023年9月第1版
印　　次：	2023年9月第1次印刷
开　　本：	710mm×1000mm 1/16
字　　数：	240千字
印　　张：	13.75
书　　号：	ISBN 978-7-5158-3706-2
定　　价：	49.00元

服务热线：010-58301130-0（前台）
销售热线：010-58301132（发行部）
　　　　　010-58302977（网络部）
　　　　　010-58302837（馆配部）
　　　　　010-58302813（团购部）
地址邮编：北京市西城区西环广场A座
　　　　　19-20层，100044
http://www.chgslcbs.cn
投稿热线：010-58302907（总编室）
投稿邮箱：1621239583@qq.com

工商联版图书
版权所有　侵权必究

凡本社图书出现印装质量问题，
请与印务部联系。
联系电话：010-58302915

序 言

情绪是人心中的一片海洋，会泳者险中重生，迷失者自我埋葬。生活无法时刻如人所愿，无论是鸡毛蒜皮的琐事，还是突如其来的意外打击，都会带来情绪上的波动。同时，你可能也会提醒自己，一定要好好地控制情绪，不能让它变成脱缰的野马。

初衷是好的，可置身于现实中，我们却经常会感到失望：越想控制情绪，越是深陷其中，体验到的痛苦也越强烈。为什么会这样呢？

路斯·哈里斯在《幸福的陷阱》中说过，我们产生的各种情绪，并不是外界事物直接引起的，而是由脑海中产生的想法引起的。人类大脑产生的想法非常强大，单靠控制，作用是有限的。

我们无法阻止和控制消极情绪的发生，事实上也没有必要这样做。一个人拥有丰富的情绪，恰恰说明他活得足够真实。反之，拼命地压抑悲愤、克制痛苦、强颜欢笑，并不代表乐观和强大，只有内在虚弱、无法接纳自我的人，才需要戴着面具生活。

情绪管理的本质，不是压抑情绪，或是以某种方式将负面情绪彻底消除掉，而是在理解和完全接纳自己情绪的前提下，保持理性的思考，不让情绪影响自我决策。要实现这一目标，需要了解自我、提升觉察力，透过情绪的表象看到真实的心理需求，摒弃狭隘的、偏颇的固化思维，从不同的视角看待问题，掌握不同心理问题的常用自助方法，用合理的方式纾解情绪。

真心希望，这本书可以成为一把钥匙，助你打开情绪的大门，改善与情绪的对立关系，接纳每一种心理状态，也接纳真实的自己。

目录

第一章
正视消极情绪
接纳此刻的状态，情绪只是暂时性的

01　人与情绪的关系，比情绪本身更重要 //003
02　消极情绪的存在不是为了让生活更艰难 //006
03　逃避消极情绪时，我们到底在逃避什么 //010
04　越是否定逃避，遭受的痛苦就越多 //013
05　改变描述方式，把自己和情绪区分开 //016
06　理智战胜不了情绪，情绪才能战胜情绪 //018
07　对自我了解越深，越不容易被情绪左右 //020
【自我训练】认识并体验情绪的本质 //022

第二章
改变解读方式
困扰你的不是事情本身，是你对事情的看法

01　消极情绪的背后，往往藏着非理性信念 //024
02　情绪ABC理论：认知决定了情绪和行为 //027
03　改变错误归因，跳出习得性无助的怪圈 //030

04 可能发生的最坏结果，不代表一定会发生 //032
05 撕掉"标签"，用成长型思维看待自己 //035
06 非黑即白？这种不合理信念要改！ //038
【自我训练】检视你的"情绪雷区" //040

第三章
拒绝精神内耗
适当过滤思绪，别为无意义的事消耗自己

01 愤怒是有价值的，但不是用在无聊琐事上 //044
02 你不是他人生活的焦点，别高估自己的真实影响 //046
03 别人对你的看法，和你的价值没关系 //049
04 拼命地讨好，换不来别人的"好" //052
05 拒绝那些让自己勉为其难的请求 //055
06 热衷于虚荣和攀比，只会惹来烦恼 //058
07 把关注点放在1%的美好事物上 //060
08 经营"人设"是一件耗费心力的事 //062
【自我训练】减少自我关注 //065

第四章
给予自我同情
停止自我攻击，像善待朋友一样善待自己

01 生而为人，我们都需要自我同情 //068
02 即使不够优秀，你仍然值得被爱 //072
03 每一个真实的人都有自己的"胎记" //074

04 由衷地相信并对自己说——我很重要！ //076
05 停止内在的批判，真实本就有好有坏 //079
06 奔跑的你值得敬畏，累了的你更值得善待 //082
07 你的所作所为，是你当时最好的表现 //084
08 诚实面对内心的感受，哪怕是恨意 //087
【自我训练】验证不合理的想法＋自我同情 //091

第五章

调整关注焦点
注意力在哪里，能量就被带去哪里

01 我们关注的焦点，决定着人生的走向 //094
02 你凝视深渊的时候，深渊也在凝视你 //096
03 留意你对自己说的话，尤其是负面暗示 //098
04 创造心流状态，让身心停驻在此刻 //101
05 多去觉知美好的事物，摆脱时间焦虑 //103
06 每天5分钟，让冥想成为一种生活方式 //105
【自我训练】正念饮食，静下心来吃饭 //108

第六章

合理表达情绪
学会表达情绪，而不是情绪化表达

01 允许自己和身边人有负面情绪 //112
02 沟通要在"原生情绪"层面上进行 //115
03 高敏感的人，怎么说出内心的挣扎？ //118
04 孩子犯了错，先别急着大吼大叫 //121

05 培养共情能力，构建深度的关系 //124
【自我训练】为愤怒留出5秒钟的时间 //128

第七章
重新思考压力
改变压力观念，以积极的情绪应对挑战

01 压力是一种自然且必要的痛苦 //132
02 用错误的方式减压，会掉进另一个深渊 //135
03 找到你的压力源，厘清压力的诱因 //138
04 孤独无助时，不要一个人硬撑 //142
05 不同的人生阶段，侧重不同的角色 //144
06 从紧张中抽离，享受"片刻的放松" //147
【自我训练】与自己对话，与身体对话 //149

第八章
做好精力管理
远离困、倦、乏，精力充沛地过好每一天

01 体能是精力的基础，直接影响情绪状态 //154
02 掌握正确的呼吸方式，为身体积蓄能量 //157
03 靠甜食来缓解情绪，可能会让情绪更糟 //160
04 睡眠不足的时候，情绪也会变得消极 //163
05 迈开脚步，运动是拯救精神疲惫的良方 //167
06 找到深层价值，知道自己为什么而活 //170
07 重视未完成事件，减少精力上的耗损 //173
【自我训练】找到你的满足时刻 //176

第九章

掌握情绪急救
识别常见的情绪问题，及时进行心理调适

01　孤独：消除对社交的负面假设 //178
02　内疚：用真诚有效的道歉获取原谅 //181
03　焦虑：在恐惧与混乱中重拾掌控感 //185
04　抑郁：调整消极认知与反刍思维 //188
05　哀伤：悲伤才是终结悲伤的力量 //193
06　强迫：在身心上比强迫症更强大 //200
07　拖延：用看得见的改变促生行动力 //204
08　情绪化进食：与真实的情绪建立连接 //206
【自我训练】思考对情绪的信念 //209

第一章

正视消极情绪

接纳此刻的状态，情绪只是暂时性的

01 人与情绪的关系，
　　　比情绪本身更重要

提到情绪，不少人的第一反应是排斥，甚至想要把它——戒掉。

如果你也有这样的想法，那你可能还没有意识到，自己已经站在了情绪的对立面，尤其是消极情绪。渴望戒掉情绪的想法背后隐藏着一种假设：情绪是一个不好的东西，总是频繁地出状况，不止让身心饱受煎熬，还给生活带来了困扰，让工作效率走低。要是能把它戒掉就好了，那样可以消除大部分的烦恼。然而，事实并不是这样的。

马克·威廉姆斯在《穿越抑郁的正念之道》中写道："情绪是没有好坏、对错之分的，它是一种面对外部刺激而产生的内在心理过程，它的产生就像我们看到黑板感到黑色一样自然而然。它在主观体验层面上行的细微差别是由我们每个人的独特性所决定的。所以，评价一个人是否应该产生某种情绪，是一件很荒谬的事情，但人们却热衷于此。"

情绪是人类正常的心理和生理反应，本身不受意愿的控制。

碰到危险的刺激时，害怕的生理反应和心理感受瞬间就会冒出来，促使我们有更多的能量产生警觉或逃走；有外人侵犯我们时，怒喝可以吓退敌人或争取到生存的空间。同时，情绪也是情感的一部分，正因为有了情绪，才有丰富迥异的情感生活。

面对这样一个本能反应，我们可能将它完全戒掉吗？又有必要这么做吗？

从某种意义上来说，选择跟情绪对立，往往是因为对情绪缺少了解。

情绪是折射现实的一面镜子，那些让我们感觉不舒服的消极情绪也一样。要是照镜子的时候，你发现自己的脸上有一块污渍，你会选择擦脸还是擦镜子？这是不用思考的问题。可是，到了情绪这里，许多人却把情绪本身当成了问题,试图要消灭它,完全忘了它是一面反映现实境况的镜子,是一个具有提醒意义的信号。

每一种情绪的存在都有其价值和意义,每一个能被感受到的情绪都是一个信使,向我们传递着特别的信息。那么,情绪里包含着哪些信息呢?

```
              情绪传递出的信息
     ┌─────────────┼─────────────┐
  个人的价值观念      应对问题的模式      未被满足的需求
```

1. 情绪传递出个人的观念系统

人在感官上的感知是相近的,即便视力、听力、嗅觉存在差别,但对于冷热、酸甜、香臭的感知,并不会差得太离谱。人与人之间最大的差异,更多地体现在观念系统或价值系统上,什么是对、什么是错、什么是好、什么是坏,不同的人有不同的认知和看法。这就意味着,在面对不同的情境和问题时,情绪可以反映出一个人的价值观念。

2. 情绪传递出个人的应对模式

几乎所有的情绪都是个性化的,在相同的情境中,不同的人会产生不同的情绪。面对他人的负面评价,有些人完全不在乎,依旧我行我素;有些人则焦虑不安,试图用讨好的方式让别人对自己改观。所以,情绪也传递出了一个人应对问题的模式。

3. 情绪传递出未被满足的需求

根据马斯洛需要层次理论,人有五种基本需求,即生理需求、安全需求、社会需求、尊重需求、自我实现需求。无论哪一个层次的需求没有得到满足，人都会产生消极情绪，但不是所有人都能够看见情绪背后的需求。

Ann见领导脸色难堪，打招呼也未理睬，心里忐忑不安，猜测领导是不是对自己有意见。这种焦虑和怀疑折射出是一种不安全感，隐藏着自尊方面的问题。她渴望获得外界的积极回应，从而感受到自身存在的价值。遗憾的是，Ann尚未意识到这一点，而是把关注点放在了对抗焦虑情绪上。于是，她在午餐时用暴食的方式来换取短暂的安慰。

至此，你应该对情绪有了更进一步的了解，或者说是更客观的认识。很多时候，困扰我们的并不是情绪本身，而是我们与情绪的对立关系，以及对自我的否认态度。与其费尽心思做无用功——戒掉情绪，不如透过情绪重新认识自己——觉察消极情绪背后的价值观念、识别自己应对问题的模式，以及内心真正的需求，与情绪、与自己构建一种全新的关系。

02　消极情绪的存在不是为了让生活更艰难

当消极情绪出现时，你可能会忍不住责备自己、怀疑自己。无论你的内心出现了什么样的声音，从这一刻开始，希望你重新认识一个事实：真正让你痛苦的不是消极情绪本身，而是你解读它的方式，以及不停地指责自己的状态。

情绪是信息内外协调、适应环境的产物，没有好坏之分，人们为了区分情绪的类别，才对其进行了带有评价性的命名，如"积极情绪"和"消极情绪"。实际上，任何一种情绪都有其明确而积极的意义，那些让我们感到不舒服的情绪，只是协调后决定远离刺激物的一种倾向。

想要与消极情绪构建一种全新的关系，看见消极情绪的价值并妥善利用，至关重要。

1. 积极情绪关乎幸福愉悦，消极情绪关乎生命安危

心理学家菲利普·沙弗及其同伴，根据前情绪理论和自己的研究成果，将情绪绘制成了树状图表，从中可以直观地发现，人类拥有的消极情绪，在种类上远远多于积极情绪。这是生物进化决定的，无法对有利的事情产生积极情绪，顶多就是少一点幸福感、愉悦感；无法对危险的事情做出恰当的反应，却可能会危及生命。

2. 感受多样性的情绪，比单纯感受积极情绪更重要

生活是复杂的，既有美好的事物，也有糟糕的体验，想要摒弃消极情

绪是不可能的。况且，已有研究指出，从健康的角度来看，能感受多种情绪的人比只感受到积极情绪的人更健康，更不易患抑郁症。如果有人声称自己是"乐天派"，从不会沮丧悲伤，那他多半是在无意识中压抑了自己的消极情绪。被压抑的这部分情绪能量，往往会以异常的行为或是躯体症状来释放。

有一项关于工作状态的研究结果显示：能够忍受消极情绪并努力调适自身的状态是一种很强的适应力；倘若回避消极情绪或压抑消极情绪，对于提高工作热情和个人成长毫无益处。在创造力方面，经历过积极和消极情绪的人提出的点子，通常比只有积极体验的人提出的点子更好。

所有的情绪都是暂时的，人的心理状态也会经常转换，所谓情绪成熟就是可以在不同的情绪之间自由切换，以适应不同的情况。秉持这样的状态，不仅有利于健康和学习，也更能感受到深层次的快乐。就像不能希冀生活100%圆满一样，也不必要求自己始终保持积极的状态，如果80%的时间是积极的，20%的时间是消极的，并且能够从消极状态中获益，就已经很好了。

3. 消极情绪不舒服，却蕴含着积极的力量

大部分的消极情绪都是有价值的，否则它们不会在漫长的进化过程中得以保留。消极情绪本身不可怕，可怕的是不知道如何与之相处，要么排斥抵抗，要么任其泛滥。以生活中常见的四种消极情绪为例，我们从另外一个视角来看看它们有哪些积极意义。

○ 愤怒——能量强大的保护者，让我们明确个人边界

愤怒的力量，几乎所有人都领略过。只是，多数记住的都是愤怒可怕的一面，即在失控后酿成了糟糕的后果，故而就认定"愤怒是不对的""发脾气是不好的"。现在，我们换个角度想想：如果一个人完全没有脾气，从

来不会愤怒,会发生什么?大概是有求必应、有苦不言,哪怕是别人侵犯了自己的利益,也要装作不介意。这样的活法,有谁真的想要?又有谁不难受?

愤怒有可怕的一面,但它也是一个强有力的保护者。当我们的生命、权利、尊严、个人边界受到威胁时,愤怒是最直接、最真实的反应,它在提醒我们——正视感受、保护自己、捍卫自己,认真对待眼前这件让你愤怒的事!这是愤怒情绪存在的积极意义,如果我们只把关注点放在愤怒情绪本身,就会变成一头"咆哮的狮子",而不是思考怎样做才能实现捍卫自我的目标。

○ 焦虑——情绪的通用货币,让我们探索真正的问题

相比其他情绪,焦虑是最难耐的一种,也是最具有导向任务的一种,我们会迫不及待地想要告别那种烦躁不安的状态。然而,采取"立刻就能做"却"只是暂时缓解焦虑"的行动(暴食、疯狂消费等),往往会阻挡我们连接真实的情绪。不解决焦虑背后的问题(过分追求完美、害怕承担责任、不敢面对失败等),一旦碰到触发的情景,焦虑还是会冒出来。如果总是为了同一件事物焦虑,或是经常产生莫名的焦虑,可能是提示你还有未完成的愿望,或是尚未解决的问题。

有人说,焦虑情绪是"情绪的通用货币",是一切情感的兑换品。想要走出焦虑的状态,要探索焦虑背后隐藏的根源,找出真正的问题,才能够纾解情绪。

○ 嫉妒——刻有目标的尺子,让我们朝着目标提升自我

嫉妒源于社会性的比较,有良性和恶意之分。

良性嫉妒有启发性和鼓舞性,可以转化为动机,通过模仿、学习、自我提升等,接近与被嫉妒者的成就,但不会完全以对方的情况来评判自己,而是一种"你能做到,我也能做到"的心理。

通常来说，我们不会嫉妒那些距离自己太过遥远的人，嫉妒的对象更多是与自己相关、相似并可及的。从这个角度来说，嫉妒可以帮助人们设立更加具象的目标。当嫉妒的情绪涌现时，我们可以引导自己朝着具象目标去提升自我、完善自我。

由此可见，充分利用嫉妒的积极力量，可以促使我们变得更优秀。真正要警惕的是恶意嫉妒，就是沉浸在嫉妒的情绪中，通过诽谤、诋毁等具有破坏性的做法，贬损被嫉妒者。

消极情绪的出现，并不是为了让生活更艰难，而是为了告诉我们一些事情，提醒我们改变当下的某一种状态。任何一种有价值的消极情绪，如果能够被妥善利用，都可以让我们生活得更好。

03 逃避消极情绪时，
我们到底在逃避什么

人有趋乐避苦的本能，消极情绪会让人体验到不舒服的感觉，比如：焦虑时会感觉心神不宁，坐立难安；抑郁时会感觉情绪低落，世界都变成了灰色的；恐惧时手心出汗，心跳加速，大脑一片空白……倘若可以选择，没有人愿意体验这些糟糕的感觉。

不过，人们对消极情绪避之不及，并不单纯是这方面的原因，还有三个因素也影响着人们对消极情绪的态度，只是这些想法很少被人提及，或者当事人自己并未意识到。

1. 把消极情绪视为深渊，害怕一旦跌入便无法逃离

在不少人看来，消极情绪是一种很难改变的状态，且消极情绪持续的时间越长，越容易深陷其中，很可能再也好不起来了。

确实有一些数据可以给上述观点提供支持，比如有一项关于长期抑郁者的数据显示：在经历过1次严重抑郁发作的成年人中，有60%的人会经历第2次；已经发作过2次的人，有70%的可能会发作第3次；发作过3次的人，有90%的概率会发作第4次！

听起来很可怕，特别是对"概率"不甚了解时，会真的以为只要患过1次抑郁症，这辈子就难以摆脱了。如果冷静客观地去分析这些数据，你会发现真相其实是这样的：假设100个人患过抑郁症，那么可能会经历第2次有60人，会经历第3次的有42人，会经历第4次的有38人。所以，对于最后那38人来说，这是一个严重的问题；但对于多数抑郁者来说，不会因为1

次抑郁而跌入深渊，他们会在少数几次抑郁发作后回归正常的生活。

任何消极情绪都会让人感觉糟糕，但它们也绝非一旦碰见就会把人拖入深渊的魔鬼。

回想一下，你生命中出现过的某一糟糕时刻，当时的你可能很沮丧、很痛苦、很恐惧，甚至认为自己会永远这样，就算这些事情过去了，也难以重获平静。现在的你，是否还沉浸在当时的状态中呢？答案多半有两种：一种是完全消散、再无波澜；另一种是想起来时依然感觉不舒服，但情绪稍纵即逝，不会停留太久。如果你总是被相同的消极情绪侵扰，那可能说明是内在的信念出现了偏差，这一点我们会在后面的内容中讨论。

2. 害怕被消极情绪操控，做出冲动的行为

不少人有过这样的经历：当情绪来袭时，性情变得很冲动，对身边的人说了一些过激的、不理智的话，或是做了一些出格的事情，给自己和他人都造成了伤害。为此，人们对消极情绪避之不及，担心它会让自己卷入某个随机的、主观上不想产生的想法或行为中去。

这里有一个问题：为什么消极情绪经常会像晴天霹雳一样瞬间来袭，且轻而易举地就可以实现操控，让人表现出过激的言行呢？

杏仁核是大脑中的情绪中心，当我们感到恐惧、无助或生命受到威胁时，杏仁核会避开大脑的逻辑和理性思考，直接让我们对外界做出行为反应。这种迅速且压倒性的情绪反应，被心理学家丹尼尔·高尔曼称为"杏仁核劫持"。

情绪与人过去的经历有关，大脑在记忆一件事情时，不仅会记住事件本身，还会记住事件发生时的情绪和感受。如果当下所发生的事情触碰到了回忆里的创伤，勾起了相同的情绪体验，就会发生"杏仁核劫持"。我们会基于过去那些未修复的创伤以及未处理的感受，来处理当下情境中的人和事，做出与现实情况强度不匹配的情绪反应或是过激的行为。

Leo在学习新事物方面比较慢，在工作方面很受挫，经常被领导批评。工作三年，没有升职加薪，脾气却越发暴躁。周末休息时，母亲抱怨了Leo一句："睡到下午才起来，也太懒了吧！"没想到，Leo竟然大发雷霆。母亲觉得很委屈，她知道Leo上班辛苦，每天也尽力做好"后勤"工作。可是，她也没说什么太过分的话，怎么就惹来了一通咆哮？

母亲的抱怨是Leo的"情绪触发点"，让他产生了低自尊、被否认的感受，这与在工作中被领导数落的感受是一样的。那一刻，母亲在Leo眼中变成了指责和批评他的领导，那些没有被处理的愤怒、压抑、恐惧、失望等消极情绪，一股脑地爆发了出来。

3. 不愿表现出消极情绪，担心情绪污染

情绪是有传染性的，已有证据表明，人们有一种无意识地、自动地模仿他人情绪表达的倾向，且在许多情况下，仅仅是在社交互动中接触到了某种情绪，人们就会产生同样的情绪。同时，研究者还发现，对微笑、皱眉或其他情感表达的模仿，会刺激大脑的相应区域，让大脑将这些表情解读为自己的感受。

无论是在社会交往中，还是在自己的小家之中，没有人愿意变成消极情绪的传染源。原因不难解释，每天面目消沉地出现在办公室，或是动不动就对身边人发脾气，会给人一种消极处世、情绪不稳定的印象，很容易影响环境氛围，也容易失去身边人的信任与好感。

以上就是人们总想逃避消极情绪的一些原因，分析之后不难发现，虽然每一种理由都不一样，但究其根本，还是对消极情绪缺少足够的了解，以及与消极情绪相处的正确方式。

04 越是否定逃避，
遭受的痛苦就越多

埃克哈特·托利在《当下的力量》中写道："情绪通常代表一种被放大了的极其活跃的思维模式，由于它有巨大的能量，你很难一开始就观察到它。它想要战胜你，并且通常都能成功——除非你有足够强大的觉察当下的能力。"

与消极情绪作战，试图摆脱它的纠缠，这样的努力多数人尝试过。可是，消极情绪就像是被赋予了魔咒，你越想从里面挣脱，它越是把你裹得更紧。在这样的处境之下，你可能会更加痛恨消极情绪，认为它是摧毁生活、破坏美好的元凶。

如果有人告诉你：这一切并不都是消极情绪的错，那个赋予它强大能量的人，恰恰就是看似无辜且正在饱受煎熬的——你。你是否觉得难以置信？但，事实真的是这样。

思维和情绪会相互作用、彼此"赋能"，形成恶性循环。思维模式以情绪的方式为自己创造了一种放大的反应，而情绪的变化莫测又不断地为最初的思维模式注入能量。

情境1：处在积极的情绪状态时，你可能会有这样的想法和感受：

√ 周身充满了力量

√ 对所做的事情抱有信心

√ 愿意走出舒适区迎接新的挑战

√ 充满了创造力

√ 心理承受力变得更强

√ 倾向于从积极的视角看待问题

√ 相同境遇下，更容易产生积极的情绪

情境2：处在消极的情绪状态时，你可能会有这样的想法和感受：
× 对所做的事情缺少信心
× 害怕承担具有挑战性的项目
× 做任何事情都提不起精神
× 很简单的任务也会拖延
× 抗挫能力明显下降
× 倾向于从消极的视角看待问题
× 相同境遇下，更容易产生消极的情绪

有没有发现，情绪和思维是相互影响的？处于消极情绪状态时，更容易产生消极的想法，而这些消极想法又会加深消极情绪。消极情绪与自身经历的契合度越高，就越不容易摆脱，体验的次数多了，就会成为一种自动反应。

在某互联网公司任职的薇薇安，敏感又自卑，遇到问题习惯自责（思维模式）。所以，她遭遇的情绪困扰，往往都是细碎微小、刺痛感又很强的，比如："昨天我在会上发言后，总裁皱了一下眉头，没有发表任何评议，就让下一位同事继续了。我心里很不舒服，总怀疑是自己说错了话……"产生了这样的想法后，她的自卑感又加深了。

心理学研究表明，自尊水平高一些的人，心理弹性较好，可以平稳地应对拒绝、失败或压力。自卑的人由于自尊水平较低，对于拒绝或失败，会产生明显的痛苦体验。他们容易焦虑和抑郁，抗压能力差，甚至会出现与压力相关的不良躯体症状。

遇到问题：产生消极情绪（初始是1分）
↓
负性思维：产生消极想法（数量1个、2个、3个↑）
↓
导致结果：扩大消极情绪（加深1分、2分、3分↑）
↓
往复循环　相互强化

薇薇安的情绪困扰与自卑有关，在会上发言后没有得到总裁的及时回应，成了薇薇安的"情绪触发点"。一向自卑的她，脑海里直接冒出了自我怀疑的消极想法：我是不是说错了话？在这之后，可能还会有一连串的自我否定——如果是那样的话，那我真是太粗心了，太笨了！连这点事情都做不好！这些消极的想法，又进一步强化了她的自卑情绪。

或许，我们应该听取埃克哈特·托利的忠告："你的大脑总是倾向于否定或逃避当下。事实上，你的大脑越是这样做，你遭受的痛苦就越多。换句话说，如果你能尊重和接受自己现在的状态，那么你的痛苦也会随之减少——你将摆脱大脑的控制，从你的思维中解放出来。"

05 改变描述方式，
　　　把自己和情绪区分开

当我们理解了消极情绪的存在具有积极意义之后，接下来要做的就是学会与之相处。

情绪是一种暂时性的体验，用抵抗的态度去阻止消极情绪，回避对自我不接纳的痛苦感受，对我们毫无益处，只会激发更恶劣的情绪。你可能有过这样的体验：对自己产生了负面想法且感觉自己很糟的时候，情绪就像是被锁定在了胃部那里，产生一种沉甸甸的、略带恶心的感觉。

蒂博·默里斯在《情绪由我》中写道："不要过分执着于情绪，就好像你需要依赖它才能生存一样。不要轻易认同情绪，就好像它真的可以定义你一样。请记住，情绪来来去去，而你依然是你。"这是一个值得铭记的忠告，也是一个与消极情绪相处的良方。

我们经常会把情绪和自己联结在一起，最常见的情形就是：当悲伤的情绪出现时说"我很伤心"，当愤怒的情绪出现时说"我很生气"。你可能会反问：这有什么问题吗？大部分人都是这样说的呀！事实上，这样的说法的确有问题。

蒂博·默里斯认为，用"我很伤心""我很生气"等语句来描述情绪，意味着在自己和情绪之间画上了等号。但，情绪只是一种暂时性的体验，它不能代表你，你只是在生命的某一特定的时间点体验到了它们而已。

如果悲伤的情绪可以代表你，那么你生命中的每分每秒都应该是悲伤的，但你也发现了，即使有过许多不如意，乃至在某一时刻感觉世界都是灰暗的，可是悲伤的情绪并没有一直持续。焦虑、抑郁等情绪也是一样，你并非时刻都处在焦虑或抑郁之中，这些情绪更像是来来去去的过客。

那么，怎样才能把自己和情绪区分开呢？

假如你产生了消极的情绪，你可以用这样的方式来描述：

——"我正在体验焦虑的感觉。"

——"我正在体验抑郁的情绪。"

——"我正在体验……的情绪。"

相比"我很焦虑"的说法，这样的描述可以起到一个提醒的作用：你是情绪的体验者、见证者，情绪不能代表你。这样的话，能够给你留出心理空间，让你从情绪中抽离。

上述的处理方式可以称为"全然觉知"，在心理治疗领域也经常会用到。

强迫症是一种医学意义上的疾病，与大脑的内部工作有密切关系。对患者来说，清晰地意识到，强迫观念和强迫行为都是强迫症导致的，而不是他们自己所致，这对治疗强迫症有积极的意义，它可以让患者把那些滋扰自己的不良情绪，重新确认为由脑部错误信息引起的强迫症状。

当一个强迫症患者遭受症状困扰时，他可以这样提醒自己：

——"我不觉得有洗手的必要，是我的强迫观念让我去洗手。"

——"我不认为自己的身体脏，是我的强迫观念说我的身体脏。"

这样的做法，就是把"我"和"强迫症"分离开。经常下意识地这样做，即使不能立刻把强迫冲动赶走，也能为患者应对强迫观念和强迫行为奠定基础。

我们无法控制消极情绪的出现，但可以选择清醒地认识和对待它。如果你相信情绪代表了你，并且强烈地想要认同它，冒出一系列消极的想法，那你就落入了情绪的深渊。

06 理智战胜不了情绪，
　　情绪才能战胜情绪

我们经常会在网上看到这样的说法——用理性驾驭情绪，成为情绪的主人。

理性，真的可以驾驭情感吗？很遗憾，这只是一种理想化的期待。

人工智能之父马文·明斯基指出："理智与情感，或者说理性与感性，是不同类型大脑活动的产物，使用的是不同层次的大脑资源。"大脑的活动，按照使用资源的方式和复杂程度来区分，可以分成三个层次，分别对应大脑的三层结构。

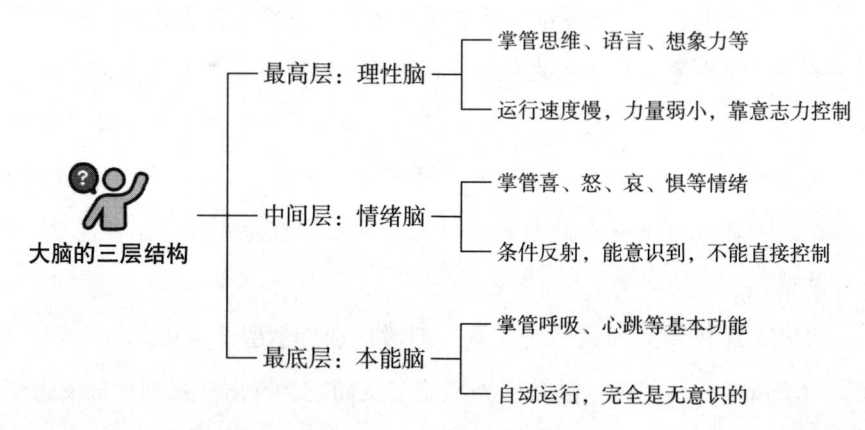

大脑的三层结构
- 最高层：理性脑
  - 掌管思维、语言、想象力等
  - 运行速度慢，力量弱小，靠意志力控制
- 中间层：情绪脑
  - 掌管喜、怒、哀、惧等情绪
  - 条件反射，能意识到，不能直接控制
- 最底层：本能脑
  - 掌管呼吸、心跳等基本功能
  - 自动运行，完全是无意识的

不难看出，情绪和理性动用的大脑资源是两个不同的层次。我们可以依靠意志力来控制理性脑的活动，却无法直接控制情绪脑的活动。所以，再怎么拼尽全力，理智也无法战胜情绪。唯一可行的办法，是唤醒积极情绪，让积极情绪替代消极情绪。

心理学家乔纳森·海特在《象与骑象人》中，用更加直观的方式诠释了上述情况。

骑象人是我们内心理性的一面，它骑在大象的背上，手里握着缰绳，思考着对与错的问题，俨然一副指挥者的样子。在遇到问题和情绪困扰时，它经常会理性地引导大象，希望它能够克服困难，继续前行。只不过，骑象人对大象的控制水平并不稳定，时好时坏。

大象是我们内心的感性一面，它很简单，不考虑对与错，只考虑喜欢和不喜欢。感觉舒服的、喜欢的就靠近，感觉不舒服的、不喜欢的就逃避。如果大象和骑象人在某个问题上出现了分歧，骑象人多半会失败，丝毫没有还手的余地。毕竟，跟几吨重的大象比起来，骑象人太微不足道了，他的胜利只是意外，大象的胜利才是日常。

理性与感性的碰撞不可避免，而理性总是无奈地败下阵来，这是既定的事实。越是想要克制某种本能的欲望，越会遭到强烈的反击。只有激活大脑中积极情绪的资源，才能关闭与之相对的消极情绪的资源，因为你无法做到既生气又快乐，就像你不可能同时朝着两个相反的方向走。

假设同事做了一件让你很窝火的事，你特别烦躁，想要发脾气。这个时候，如果你靠理智来控制，提醒自己说——发脾气没有用，还会影响同事关系。你抑制住了发火的冲动，但怒气并没有消失，只是被暂时压住了。也许，过不了多久，你就会因为另外的一些事情（可能只是很平常的问题），向该同事或其他的人大发雷霆。

如果换一种方式，在想要发火的时候，主动去调动积极情绪，比如：看看美食博主的推荐，回忆旅行时的美好瞬间，看看孩子的成长照片，唤起对生活的热爱，以及内心的幸福感，就可以激活与积极情绪相关的资源，让怒气逐渐消散。当情绪平复之后，再思考怎么解决问题，往往更能做出理性的、客观的决策。

这也提示我们，无论是想提升职业能力，还是构建良好的关系，都应当留意稍纵即逝的积极情绪，把它们变成心灵的养料。当消极情绪来袭时，用这些养料浇灌内心，唤醒美好的感受，驱散阴霾。这是一种情绪处理方式，也是重塑生活的能力。

07 对自我了解越深，
越不容易被情绪左右

生存机制并不是影响情绪的唯一因素，自我对情绪的影响也很重要。认识自己是一生中优先等级最高的事，也是最困难的事。

认识自己，在心理学上称为自我知觉，是指人们对自己的需要、动机、态度、情感等心理状态以及人格特点的感知和判断，许多消极情绪和心理困惑都与"不认识自我"密切相系。

——"我不知道自己为什么总是不快乐，体会不到成就感。"

——"我不明白自己为什么总是一次又一次地被渣男欺骗。"

——"我不清楚自己为什么总是惶恐不安，稍有风吹草动就很紧张。"

——"我不晓得自己为什么总是习惯性地讨好，生怕别人不喜欢自己。"

正如周国平先生所说："认识自己，过去的一切都有了解释，未来的一切都有了方向。而一个不认识自己的人就像无头的苍蝇，怎么都飞不准、飞不高、飞不远。一个人，真正的见地，从来不在于读过多少的书，走过多长的路，而是对自我的认知。"

认识自我是一件很难的事，没有谁能够做到时时刻刻反省自己，也不可能总是把自己放在局外人的位置来观察自己。我们更习惯于借助外界的信息来认识自己，而外部的环境又是复杂多变、极度不稳定的，这就使得我们在认识自我的时候，很容易受到外界信息的干扰或暗示，从而无法正确地认识自己。那么，怎样才能客观、充分地认识自我呢？

1. 自省

想要更好地了解自己、认识自己，必须经常对自己的行动进行审视和思考。在无暇自我反省的意识形态下，往往会处于自我感觉良好的状态。殊不知，当你感到天空蒙尘的时候，最重要的是擦一擦你的那不太清亮的双眸。

每隔一段时间，透过自己这面镜子映照一下内心，看到自己处于什么样的状态中。如果发现自己是积极、乐观的，那要继续保持；倘若发现了自己不敢去面对的弱点、伤痛，就要想办法调节自己，以平和的心态去对待它。

2. 比较

当你不知道自己是对是错时，去看看身边的人是怎么做的？然后，经过自己的思考，发现自己的缺点和不足。同样，你可以从别人的态度中把握自我，留意别人对自己的态度和反应，以此来获得一些评价。

3. 成就

各人的潜能不同，有人擅长文字而拙于工艺，有人不善言辞而精于计算，倘若只看到少数项目上的成就，就无法察见个人的才能和禀赋的全貌。所以，要全面客观地看待自己的成就，全面客观地认识自我。

总而言之，想要真正地认识自己，需要经常认真地自省和反思，了解自己的本性及其变化；还要参考他人的态度和评价，在听完他人的意见后，对自己进行分析。我们永远不能把自己的脑子交给别人，一定要保持清醒独立的思考。同时，还要多学习和了解心理学知识，透过行为表象去探究内在的自我，因为潜意识往往比我们更了解自己。

【自我训练】认识并体验情绪的本质

现在，你可以选择一种自己经常会体验到的消极情绪，然后根据下面的步骤完成练习：

第1步：明确经常困扰你的消极情绪是什么？

第2步：承认有这种情绪并不是坏事，想想它是怎样来了又去，而你并未持续沉浸其中的？

第3步：记住这种情绪，留意它是怎样一次次在你生活中消退的？

第4步：你可以从这种情绪中学到什么？它想提醒你什么？你是怎样利用它促进自我成长的？

第5步：这种消极情绪是怎样对你产生不良影响的，甚至一度让你感觉永远无法摆脱？

第6步：是什么让你感觉自己需要认同这种消极情绪，或是与之相关联的事件？而事实上，你本可以摆脱它。

第7步：记住，这种负面情绪会让你的视野缩小，限制你的潜力。

第8步：回忆你是如何吸引更多消极情绪的？

第9步：分析你是如何通过添加自己的想法和判断加剧情绪痛苦的？

第10步：重新确认一下，消极情绪只是存在于脑海中，现实世界没有任何问题。

第二章

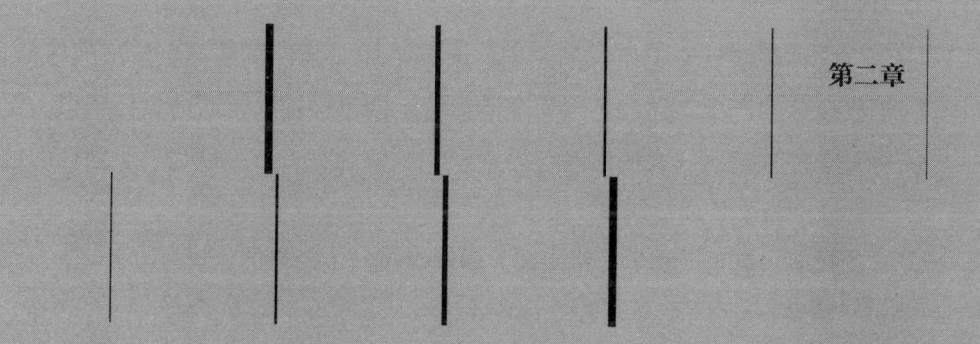

改变解读方式

困扰你的不是事情本身，
是你对事情的看法

01 消极情绪的背后，
　　往往藏着非理性信念

面对同样糟糕的境遇，为什么有些人会直接崩溃，有些人可以从容应对呢？

这种情绪反应上巨大的差别，来自个体对某件事或某个想法的解读。消极情绪的产生，往往是因为个体为特定的事件加入自己的负面解读，也就是非理性信念。人的情绪与思维模式、信念有关，一旦有了非理性的信念，就会滋生负面情绪。

蒂博·默里斯在《情绪由我》中提出过一个经典的公式：
解读+认同+重复=强烈的情绪
○ 解读——根据固有的认知来解释一些事件和想法
○ 认同——在特定想法产生时选择认同它
○ 重复——同样的想法反复在脑海中出现
○ 强烈的情绪——多次体验同一种情绪时，致使它成为自我认同的一部分。每当与之相关的想法再次出现，又会重新体验到这种情绪，且它会变得愈来愈强烈。

解读、认同和重复，共同为某种消极情绪的滋长提供了土壤。相反，当公式中的任何一个要素被删除时，这种消极情绪对个体的影响就会逐渐减轻或消退。

20世纪70年代，美国心理学艾利斯将不合理信念归纳为以下三类：

1. 绝对化要求

绝对化要求，是指个人以自我为中心，眼里只能看到自己的目的和欲望,对事物发生或不发生怀有确定的信念,而忽略了现实性。

生活中许多人都存在这样的想法:"我对你好,你就应该对我好!你得按照我的想法和喜好来行事,否则我就会不高兴,也难以接受和适应。"实际上,这就是绝对化要求,有理想化甚至一厢情愿的意味。陷入这样的执念中,很容易滋生负面情绪。

重新解读——每一个客观事物都有其自身的发展规律,不可能以个人的意志为转移。周围的人或事物的表现和发展,也不可能依照我们的喜好和意愿来变化。

2. 过分化概括

过分化概括,是指以某一件或某几件事情来评价自身或他人的整体价值,是一种以偏概全的不合理的思维方式。

有些人遭遇了一次失败,就认为自己"一无是处""什么也做不好",这种片面的自我否定通常会导致自责自罪、自卑自弃的心理,同时引发抑郁、焦虑等情绪。一旦把这种评价转向他人,就会一味地指责别人,产生愤怒和敌意的情绪。

不予认同——这样的想法太过极端,一个事物的整体价值需要从整体去评判,不能只从某一个或几个维度就下论断。

3. 糟糕至极

糟糕至极,是指把事物的可能后果主观想象、推论到十分可怕、糟糕的境地,认为某件不好的事情一定会发生,并导致灾难性的后果,从而产生担忧、恐惧、自责和羞愧的心理。

有些人在一次体检中发现自己的血脂有点高,就变得心神不宁,上网搜索高血脂会引发的问题,想到自己得了这些病会如何?将来该怎么办?

爱人会不会嫌弃自己？自己的病会不会拖累孩子？结果，越想越害怕，焦虑得让自己都感到要窒息了。

　　停止重复——这种想法是不理性的！最坏的结果有可能发生，但最好的结果和其他的结果也可能发生，最坏的结果只占很小的概率。同时，我也不能低估自己的应对能力，很多时候我们的身体和生命的韧性，比想象中更强大。

　　事件或想法本身无法决定情绪，影响情绪的是我们对事件或想法的解读方式。想要纾解情绪，修正消极情绪背后隐藏的非理性信念，起着至关重要的作用。

02 情绪ABC理论：
认知决定了情绪和行为

某情感栏目的主播几次邀请Nina做线上社群活动，都被Nina拒绝了。对于这件事，Nina的第一反应是我可能做不好。于是，她以还需要学习和准备为由推辞了邀请。

直到有一次，Nina参加了一个心理工作坊，活动中有人分享了和她相似的感受："我觉得自己是一个新手咨询师，对独立做咨询这件事没底，害怕做不好。"

Nina这才发现，原来在面对不熟悉的事情时，不只是自己会逃避，其原因是内心存在着类似这样的信念——"我是不好的""我没有能力""我不行"。随着活动的深入，Nina开始跟随导师一起利用"情绪ABC理论"来调整自己的想法。课程结束后，她主动拨响了那位情感主播的电话，说愿意尝试一下做线上活动。

在认知疗法中，美国心理学家埃利斯创建的情绪ABC理论是最具代表性的。

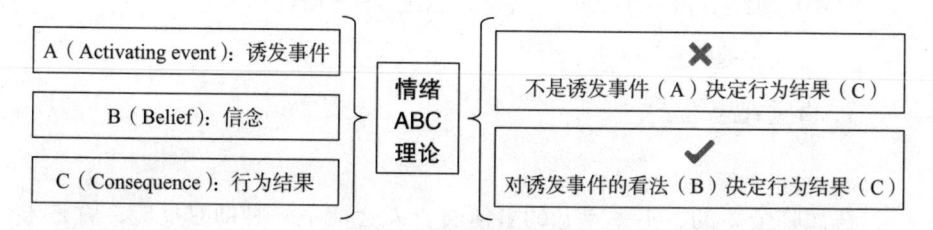

	情绪ABC理论	
A（Activating event）：诱发事件		✗ 不是诱发事件（A）决定行为结果（C）
B（Belief）：信念		
C（Consequence）：行为结果		✓ 对诱发事件的看法（B）决定行为结果（C）

情绪ABC理论认为：直接决定着情绪和行为（C）的不是诱发事件（A），而是对事情的看法（B）。事情往往是难以改变的，但对事情的看法可以改变，改变了信念（B），也就改变了情绪和行为（C）。

对于做线上社群活动这件事情（A），Nina最初的认知（B）是——"我不行，我做不到，我怕会搞砸"，这使得她产生了恐惧的情绪（C），所以她拒绝了。当她开始调整认知（B）——"每个人面对挑战都会感到恐惧和紧张，我的反应是正常的。我可以多做一些准备，即便做得不够好，也是一次学习的机会，也许我比想象中更有潜力呢！"这样的认知是积极的、客观的，自然也就减缓了Nina的恐惧和自我怀疑（C），从而接受了全新的挑战。

看到这里，可能会有朋友提出质疑：既然是对事情的看法（B）决定了情绪和行为结果（C），那能不能一开始就直接从积极的、客观的视角去看待诱发事件（A）呢？

这当然是一个理想的状态，但在现实中不太容易实现。这是因为，当人们遇到诱发事件（A）时，往往不是直接导致人们产生生理、情绪或行为上的反应（C），而是先通过信念（B），再达到行为结果（C）。然而，我们的信念不总是合理的，甚至有些想法是无意识的。

认知的产生过程有两种：一是有意识思维，二是自动化思维。

有意识思维，就是有意识地、主动地思考，如分析事情的利弊、制订工作计划等。由于经过了思考，因而相对理性，但有可能产生不合理的认知。

自动化思维，就是无意识地、不带意图地、自然而然地思考，是人类在进化中自然形成的机能，为的是让我们更轻松地生活。毕竟，什么事都要进行有意识地思考太辛苦了。

自动化思维分两种形式——直觉式思维VS习惯性思维。

1. 直觉式思维

在面临全新的、不太熟悉的事情时，人会产生一种即时反应，就是未经过有意识地思考，迅速而简短地闪现出一些想法或看法。与有意识思维相比，这种思维理性成分少、不合理成分多。

Suzy刚刚入职，邀请同组的一位同事吃饭，对方简单地回应说："抱歉，正忙，今天没时间。"Suzy立刻想到同事是不是不太喜欢自己，所以才会拒绝？为了这件事，Suzy郁闷了半天。其实，同事是真的在忙，领导让她当天务必把活动策划的PPT做完。所以，Suzy的直觉式思维与事实并不相符，却实实在在地影响了情绪。

2. 习惯性思维

习惯性思维，就是在某种情况下习惯性地自动出现的认知和想法。由于是自动出现的，所以不刻意去识别的话，很难觉察得到。

自动闪现的认知，可能来自于书籍报刊，也可能来自他人的影响，还可能是自己思考的结果。在某种情况下，某一认知反复出现，慢慢就形成了习惯性思维。只不过，书籍或他人的观点未必都是合理的，自己思考得出的认知也可能是片面的、不符合实际的，所以习惯性思维也可能存在不合理的方面。同时，又因为它是自动闪现的，我们很难觉察，就会把它视为理所当然正确的结论去运用，不会想到去质疑它是否合理。

Lisa总是压抑自己的情绪，即便心里很难受，多数时候也是选择独自承受。从她记事时起，妈妈就在她哭的时候厉声指责："哭是无能的表现！"这句话已经刻印在了Lisa的脑子里，每次受了委屈时，她都强忍着眼泪，践行着母亲的"教诲"。

Lisa还没有认识到，哭是表达情绪的一种常用方式，与自身能力、自身价值毫无关系。只有她真正认识到这一点，改变之前的习惯性思维，她才敢在人前暴露自己的真实情绪。

费斯汀格法则指出，生活中的10%是由发生在你身上的事情组成，而另外的90%则是由你对所发生的事情如何反应所决定。换句话说，生活里有10%是我们无法控制的，而剩下的90%掌控在自己的手里。在处理情绪的问题上，我们可以掌控的就是觉察非理性的认知，尤其是不合理的习惯性思维。当习惯性思维改变了，情绪和行为结果也就改变了。

03 改变错误归因，
   跳出习得性无助的怪圈

肖骁是一名篮球爱好者，经常在校内参加比赛。他是一个给力的得分后卫，有出色的外线远射能力和跳投能力，是团队中的灵魂人物。每次打完比赛，虽说大汗淋漓，体能消耗甚大，可肖骁依旧生龙活虎，精力充沛，感觉浑身有使不完的劲儿！

可是，告别赛场，走进教室，肖骁就像换了一个人，完全打不起精神，眼神暗淡无光，一副生无可恋的表情。特别是高数课程，几乎每次都是打着哈欠上完课的，老师安排的作业总是拖拖拉拉，经常被点名后才记得做，成绩也是一塌糊涂。

高数老师提醒肖骁，要再不努力学，考试都很难通过。肖骁知道后果的严重性，无奈地说了一句："我不是学数学的材料，从小到大就没考过好成绩，努力也白搭……"听到肖骁的这番自我评价，高数老师意味深长地说了一句："哎，你这也是习得性无助了。"

习得性无助，是美国心理学家塞利格曼1967年在研究动物时提出的：因为重复的失败或惩罚而造成的放弃努力的消极行为。

当一个人面对不可控的情境，认识到无论怎样努力都无法扭转不可避免的结果后，就会产生放弃努力的消极认知，表现出无助和消沉等消极情绪和行为。

人在陷入习得性无助中后，又会不自觉地按照已知的预言来行事，最终令预言发生，从而进一步恶化当事人的情绪状态，影响他的理性判断和学习的能力。

肖骁自认为不是学数学的材料，所以即便有时间和精力他也不会去学习，因为他认定了学了也不会懂，成绩自然是一塌糊涂。之后，他就会对自己说："我果然不是学数学的材料。"延伸到其他领域，当一个人认定这辈子都不配过好的生活时，他就会在不知不觉中延续会让自己变得更差的习惯，暴食、熬夜、懒散，结果真的把生活弄得一塌糊涂。

自证预言在现实生活中被频频验证，实际上就是心理暗示造成的结果。

人在对自己进行认识、了解的过程中，很容易受到外界的影响，从而在自我认知上出现偏差。这种自我设限如同魔爪，让人在想要释放潜能的时候一把被拦住。时间久了，它会让人在心里默认"我是不可能成功的"，于是能躲就躲、能推就推。

塞利格曼认为：消极的行为事件或结果本身并不一定导致无助感，只有当这种事件或结果被个体知觉为自己难以控制和改变时，才会产生无助感。

习得性无助，是人在面对痛苦的时候自发产生的动物本能。要消除习得性无助感，最重要的是改变不良的归因模式，不要总把失败归因于能力，尝试尝试把失败归于努力因素。在面对挑战的时候，增加重复次数与强度，为自己累积优势。

下一次，当挑战摆在眼前，你那个"我不行"的想法再次闪现时，尝试告诉自己："这件事，1遍做不好，我就努力做2遍，进步一点点；2遍做不好，我就努力做3遍，再进步一点点……要是N遍做不好，我就努力做N+1遍！"

04 可能发生的最坏结果，
不代表一定会发生

"孩子上不了好的幼儿园，就进不了好的中学；进不了好的中学，就没法考上好的大学；考不上好的大学，就不能进入跨国公司找一份好工作……这样孩子就会被同伴撇下，那孩子就会崩溃，最后孩子就会学坏，然后吸毒……"这番话出自于印度电影《起跑线》。

拉吉夫妇凭借自己的努力跨进了中产阶层，为了让孩子接受好的教育四处奔忙。拉吉的妻子米图不愿意让孩子重复她和丈夫年少时的读书经历，一心想让孩子远离他们曾经受教育的学校。每次丈夫拉吉对孩子上学的问题发表与她不一致的言论时，米图就会抓狂，哭丧着脸，周而复始地开始这段话。听到"吸毒"这样的恐怖结局，丈夫拉吉被吓得不行，赶紧认同妻子的想法。

拉吉夫妇为了孩子上学的事感到无比焦虑，由此引发了一连串令人忍俊不禁的言行，特别是妻子米图那一连串的"碎碎念"，更是让人觉得荒谬至极：孩子上不了好的幼儿园，将来就一定会学坏并吸毒吗？这种想法，把灾难性思维呈现得淋漓尽致。

灾难化思维，就是想象消极事件的最坏结果，将事情的后果灾难化，甚至对将来不可能发生的事情也做最坏的打算，无限放大消极事件产生的负面影响。

人在恐慌的时候，倾向于认为事情会朝着最坏的方向发展，个体也会感受到强烈的焦虑和恐惧，难以进行理性的分析，对灾难化思维信以为真。如果个体持续地夸大事件的威胁，并不断低估自身应对威胁的能力和可以调动的资源，就有可能会发展成焦虑障碍。

那么，灾难化思维究竟"错"在哪儿了呢？

从逻辑学上来说，从一连串的因果推论，夸大每个环节的因果强度，将"可能性"转化为"必然性"，最终得到不合理的结论，叫做滑坡谬误。所谓"滑坡"，就是一路下坡的状态，第一个结论不合理，然后根据这个不合理的结论去推下一个结论，必然也无法得出正确的结论。

陷入滑坡谬误的人，遇到问题时总是这样想：如果发生A，接着就会发生B，再接着就会发生C，然后又会发生D……最终就会发生Z。从一个看似无害的前提或起点A开始，一小步一小步地转移到不可能的极端情况Z。

事实上呢？每一个因果的强度是不一样的，有些因果关系只是可能，而不是必然；且有些因果关系很微弱，甚至是未知的、缺乏证据的。就算A真的发生了，也不见得会一路滑到Z，Z并非必然发生。所以，在没有足够的证据之前，不能认定极端的结果必然会发生。

所以，许多事情原本没有那么可怕，甚至是无关紧要的。如果把这些问题视为无可抵御的灾难，高估坏结果发生的概率，就会产生许多预期焦虑，终日诚惶诚恐，焦虑难安。不仅如此，灾难化思维还很容易让人陷入顾影自怜之中，错失解决实际问题的机会和动力。

当头脑中出现了"灾难化"的想法时，我们该如何缓解，减少它带来的不良影响呢？

1. 阻断不良的思维蔓延

遇到糟糕的问题时，每个人都会产生负面情绪，甚至冒出一些令人崩溃的想法。这个时候，你需要提醒自己："我感到担心和害怕是正常的，但这些想法并不是事实，它只是告诉我存在这样的可能性而已。"你可以给自己戴上一根橡皮筋，一旦脑海里冒出糟糕的想法时，就弹自己一下，阻断不良的思维蔓延。疼痛感会给大脑传递一个讯号，提醒你不要被负面想法伤害。

2. RAIN旁观负面情绪法

我们说过,情绪不能代表你,你也不能用情绪来定义自己。尝试把焦虑、恐惧等负面情绪视为产生于特定情况下、从外面进来的一个客人,与之和平相处。在《一平方米的静心》中,提到了走出负面情绪的工具RAIN,它分为四个步骤,你也可以作为参考和借鉴。

R——识别(Recognition):"嗯,这是焦虑,它来了。"

A——接受(Acceptance):"来就来吧,我不排斥它,否则它会变本加厉。"

I——探究(Investigation):"它是由片刻的紧张、无助和恐惧组成的。"

N——非认同(Non-identification):"你可以在这里待一会儿,但我才是这里的主人,我现在要请你离开了。"

今后,当灾难化的想法再次占据你的脑海时,希望这两个方法可以帮到你。

05　撕掉"标签"，
　　　用成长型思维看待自己

　　哈佛心理学教授沙哈尔，曾接到过一位高中女生的来电，她在电话里谈及自己的家庭、学业和人际关系，整个谈话的过程，女孩表现得很压抑、很痛苦，不停地在强调"我真的什么都不行。"

　　女孩告诉沙哈尔教授，自己和同学的关系很不好，大家都不喜欢她；她的学习成绩很一般，老师对她视而不见；她喜欢的男孩对她非常冷漠；母亲将所有希望寄托在她身上，可她却总是令人失望……她似乎对一切都失去了希望，感觉生活一片灰暗。

　　沙哈尔教授问她，为何要打这个电话？女孩回答说，也许只是想找个人说说话。接着，她又开始强调自己的种种问题，不想聊天、不想上学、不想说话，等等。沙哈尔教授很疑惑：究竟是什么原因，才会让一个女孩把自己形容得如此不堪呢？

　　经过进一步的交谈，沙哈尔教授得知：女孩的父母都是老师，对她要求甚高，很多要求都是她做不到的。在家的时候，父母时常指出她的不足，并加以指责。长期生活在被否定的环境里，女孩也受到了影响，总觉着自己各方面都不如别人。

　　在电话里，沙哈尔教授帮助那个女孩发现她的优点，比如乖巧懂事、声音优美、有礼貌、语言表达能力强、有上进心。女孩很惊讶，在此之前从未有人这样说过，她也并未将这些东西视为优点。沙哈尔要求女孩把这些优点写下来，至少写满10条，每天大声地念几遍；要是发现了新的优点，也要一并加上去。女孩高兴地答应了，情绪比开始缓和了很多。

　　第二天，沙哈尔教授就将女孩的故事作为典型案例，讲给了自己的学生。他严肃地告诉学生:"在我们身边,可能也有很多人像这个女孩那样,觉得自己什么都不行。但是,我希望你们今天听了这堂课后,彻底打消那种念头。无论什么时候,在做任何事情之前,都不要急于否定自己。"

回想一下:你有没有把自己关在思维的樊笼,贴上一个"自以为是"的标签?比如:"我不够好""我不配""我很懦弱""我不善交际"……实际上,这是一种典型的标签思维。

标签思维,是对所有经历或看到的人、事、物的思维固化判断,它会妨碍我们按照自己所希望的方式行动,甚至让我们在想说"是"的时候说"不";不敢提问题,不敢提要求,不敢追求自己想要的,害怕被拒绝、被嘲笑。

一旦你标定了自己是什么样的人,就等于否认了自己还有成长和改变的可能。在面临挑战时,很容易产生焦虑和自我怀疑,即使有好机会摆在眼前,也可能会因为这个标签而主动放弃。

卡罗尔·德韦克在《看见成长的自己》里提到过,人有两种思维模式:

1. 僵固式思维

这种思维模式的人,总是想让自己看起来很聪明、很优秀,实则很畏惧挑战,遇到挫折就会放弃,看不到负面意见中有益的部分,别人的成功也会让他们感觉受到威胁。他们有可能一直停留在平滑的直线上,淹没自己的潜能,这也构成了他们对世界的确定性看法。

2. 成长式思维

这种思维模式的人,希望不断学习,勇于接受挑战,在挫折面前不断奋斗,会在批评中进步,在别人的成功中汲取经验,并获得激励。这样的人,他们不断掌握人生的成功,充分感受到了自由意志的伟大力量。

这两种思维最大的区别在于，成长式思维的底层是安全感。这种安全感不是因为"我是一个什么样的人"，而是因为"我有很多可能性"。未来的路，会有诸多挑战，会遇到挫折，会被人质疑，希望你能够换一种视角去看待它。不要认为自己是一个固定的容器，只能容纳"那么多"的东西；试着把自己看成流动的河，会有急湍，会有平缓，不用单一的某段河流来评判自己。

06　非黑即白？这种不合理信念要改！

　　小孩子看电视剧的时候，最喜欢问一个问题："这个人是好人，还是坏人？"在孩子的意识里，世界上只有两种人，要么是好人，要么是坏人，好人是值得相信的，坏人是要远离的。他们并不知道，世界上的人形形色色，种类繁多，不能简单地用好与坏来进行分类。

　　对于许多重要的问题，无法用简单的"是"与"否"来回答。孩子天真可爱，童言无忌，可作为成年人，如果也总是用非黑即白、非是即否、非好即坏、非对即错的方式来思考问题，就很容易做出错误的判断，给自己制造情绪烦恼。

　　YOYO工作一向很认真，从来没有偷懒耍滑，可在公司内部的竞聘中，她却输给了另一个销售组的同事。事后，YOYO听说，那位竞聘成功的同事是靠关系进来的，她家的亲戚就是公司的一个大客户。这个消息对YOYO的打击很大，她开始怀疑努力的价值，把所有的问题都归咎于自己没有家庭背景上。其实，公司的领导并不知道这些事情，YOYO却为此丧失了斗志。

　　非黑即白、非对即错、虚假两分的思维方式，会把一个可能存在多种问题的答案，假设成只有两种可能的答案，似乎全世界所有问题都只有两面。而当我们把结论限制在两个以内的时候，视野会被限制，思维也会遭到严重的束缚。

　　恋爱失败了，不代表所有的感情都不可信，收拾好心情，努力提升自己，还有机会遇到更适合的人；考研失败了，不代表下次不会成功，也不代表不能拥有美好的前途；竞聘失败了，不代表自己一无是处，撇开所有的借口和外因，从自己身上找问题，争取下一次机会。

归根结底，问题本身不是引发痛苦的根源，如何看待问题才是真正的根源。生活中发生的很多事，并不是负面情绪的罪魁祸首，我们的感觉很大程度都是源于自己的想法。如果一直用不合理的信念去看待人和事，很难豁然开朗。

任何事情，一味地钻牛角尖只会变得更糟。焦虑的困境，很多时候都是自己编织出来的蜘蛛网，那些所谓的绝境，也不过是内心创造出来的假象。上天不会让任何人无路可走，只有内心的恐惧和绝望，才会逼人走入绝境。

A.J.克郎宁说过："生活不是笔直通畅的走廊，让我们轻松自在地在其中旅行。生活是一座迷宫，我们必须从中找到自己的出路。我们时常会陷入迷茫，在死胡同中搜寻，但只要我们始终深信不疑，有一扇门就会向我们打开。它或许不是我们曾经想到的那一扇门，但我们最终将会发现，它是一扇有益之门。"

在遇到挫折的时候，要学会用开放性的思维去想问题，及时提醒自己：人生并不是只有眼前这两种可能，还有无限种可能，且每种可能皆有可能。当我们意识到事情还存在第三种可能性时，就从牛角尖里钻出来了。

【自我训练】检视你的"情绪雷区"

也许,你很在意别人是否守时,但另一个人却对迟到这件事很钝感。所以,在面对同样的境遇时,你们的情绪反应就会大不相同。导致这一差别的主要原因是,每个人成长的环境、生活的经验、父母的教导、自身的历练和个性都不一样,因此每个人都形成了自己独特的"情绪雷区"。

那么,该怎样画出属于自己的"情绪地雷图"呢?

第1步:检视情绪

回顾过去一个月内,曾经出现过如下情绪的情境(至少各列三项):

- 当_____时,我感到难过。
- 当_____时,我感到生气。
- 当_____时,我感到害怕。
- 当_____时,我感到厌恶。
- 当_____时,我感到疲惫。

第2步:思索核心价值

核心价值,就是心中那些根深蒂固的想法和观念,是它们形成了"我是我"的基础。核心价值不太容易改变,如果有人(包括自己)的言行违反了自己的核心价值,愤怒的情绪就可能会爆发,继而成为情绪地雷。假设你很看重诚信,倘若有人欺骗你,你很可能会大发雷霆。这些对我们而言很重要的信念,往往就是情绪地雷的导火索。所以,要检视一下自己的核心价值都有哪些？你可以尝试问问自己下面这些问题：

- 我认为一个人应当表现出的理想特质是什么？
- 对我来说，生活中有哪些价值和规范是很重要的？
- 我欣赏的偶像身上有哪些优秀的品质？

把你的答案汇总起来，会看到一连串的词语，这些就是你的核心价值。当你了解了自己最看重什么东西，坚信什么理念，你就能更好地发现自己的情绪地雷。

第3步：规避雷区

在画出情绪地雷图之后，接下来要做的就是规避雷区。具体怎么做，因人而异，方法多种多样。这里提供一个"B计划"方案，可能会对你有所帮助。

假如你的"情绪地雷"是很难接受他人迟到，每次和你约见的人不守时，你就会发脾气。现在，你可以带上一本书、下载一部电影，别人迟到了，你就可以看书或看电影，做点有意义的事，避免在焦急的等待中引爆怒火。

当然，你可以开诚布公地把自己的"雷区"呈现给周围的人，让他们知道你不喜欢、不能接受哪些事情，恳请大家避开你的"死穴"。这样一来，不但让自己免受负面情绪的困扰，也不用因为别人不知情误闯"雷区"，闹得不愉快。

第三章

拒绝精神内耗

适当过滤思绪，别为无意义的事消耗自己

01 愤怒是有价值的，
　　但不是用在无聊琐事上

　　河里生活着一种特殊的鱼，骨刺很少，肉质鲜美，是水鸟最爱的美食。不过，这种鱼很狡猾，为了避免成为水鸟的盘中餐，它们通常只在深水处活动。

　　一天，一条鱼和同伴玩耍的时候，不小心撞到了桥墩上。顿时，这条鱼就觉得头晕目眩，昏了过去。等它醒过来的时候，发现同伴们正在一旁笑自己。它恼怒了，绕着桥墩不停地打转，怨恨水流太急，桥墩太密。不到两分钟，它的肚皮就被气得圆鼓鼓，身子也不知不觉漂到了水面上。然而，它依然没有察觉自己已经身陷险境，还在桥墩周围徘徊咒骂。这时，恰好一只飞过的水鸟看到，一把将它抓住，享受了一顿美味。

　　愤怒是正常的情绪反应，任何人都不可能让这种情绪彻底消失。当自我价值和尊严受到侵犯时，恰当地表达出自己的愤怒，可以明确自己的底线，赢得他人的尊重。如果为了一些微不足道、无关紧要的事情让自己大动肝火，困在情绪的漩涡里，就是在给自己制造损耗和灾难了。

　　英国作家拉迪亚德·基普林，曾经因为情绪的干扰，造成了美国佛蒙特州历史上最有名的家族不和案。后来，有人将这个耸人听闻的案子写成了书，名字就叫《佛蒙特州基普林的家庭之争》。

　　基普林和佛蒙特州的一个名叫卡罗琳·巴勒斯蒂的美丽姑娘结婚了，并在布拉特种降罗市建造了一幢漂亮的房子，准备婚后就搬到那里去住，度过自己的垂暮之年。

　　基普林有一个相交甚好的朋友，名叫卡罗琳·巴勒斯蒂，他们经常在一起闲聊小聚。后来，基普林买下了巴勒斯蒂的一块地皮，并约定巴勒斯蒂有权收割这块地上的青草。

有一天，巴勒斯蒂突然发现，基普林正在把这块草地改建成花园。对此，巴勒斯蒂很生气，简直暴跳如雷，当场对基普林出言不逊。基普林也不甘示弱，回骂了巴勒斯蒂。至此，这块草地酿成了两个朋友之间的仇恨。

几天之后，基普林在路上偶遇巴勒斯蒂。当时，基普林骑着自行车，而巴勒斯蒂正坐在一辆双套马车上。他要求基普林给自己的马车让路，基普林气坏了，根本控制不住自己的情绪，发誓要将巴勒斯蒂告上法庭。就这样，著名的大作家引发了一场耸人听闻的官司，各地的新闻记者纷纷而至。很快，这件事就传遍了世界。

官司的最终结果：基普林和他的妻子，永远离开美国的那幢住宅。

整件事实在令人啼笑皆非。两个要好的朋友，反目成仇上了法庭，竟然只是因为园子里的那些青草。多么微不足道的一件事，却让人丧失理智，任由怨恨和愤怒侵蚀友情。试问：友情难道不比青草可贵吗？看到这样的结局，就不后悔吗？当然，后悔也无用了，破碎的东西难再复原。

任何事物都有两面性，愤怒会毁掉事物，但也支持正确的事物。一个点火就着、总是大发脾气的人是愚蠢的，一个任何时候都不会生气的人是悲哀的；只有知道自己的愤怒是为了什么，且合理作用于自身的人才是理智的。事实上，也只有这样的愤怒，才有价值和意义。

面对生活，我们需要一点情绪钝感力，选择性地关注一些事物，少点胡思乱想和多疑，不给自己盲目地制造假想敌人，把精力用到真正需要在意的地方。让我们重温一下法国前总理皮埃尔·莫鲁瓦的忠告吧！你会发现，这既是充满睿智的箴言，又是滋养内心的活法：

"我们常常为一些不令人注意、因而也当迅速忘掉的微不足道的小事所干扰而失去理智。我们生活在这个世界上只有几十个年头，然而我们却为纠缠无聊琐事而白白浪费了宝贵的时光。试问，时过境迁，有谁还会对这些琐事感兴趣呢？不，我们不能这样生活，我们应当把自己的生命贡献给有价值的事业和崇高的感情。"

02　你不是他人生活的焦点，别高估自己的真实影响

我们先来做几个生活场景的假设：

假设1：你在车水马龙、熙来攘往的繁华路上一不留神摔了一跤；

假设2：参加朋友的聚会时被提陈年出糗的旧事，恰好心仪的人也在场；

假设3：某天早上你犯了懒，没来得及好好收拾就走出了门，不料遇见了多年未见的故人。

如果这一切都是真的，你会做出怎样的反应？相信，一定会有不少人对此尴尬不已，甚至数天以后回想起来还觉得脸上发烫，心里一再嘀咕：

——在众目睽睽下摔了一个大跟头，太丢人了！看到自己摔跟头的人，一定拿这个当茶余饭后的"消遣"了，下回再走在那条路上，会不会被人认出来当笑柄还不一定呢！

——被心仪的人知道了自己的"糗事"，精心经营的完美形象全没了，在他面前我简直就像一个滑稽的"小丑"，以后该怎么和他相处啊？

——与故人就这么碰上了，多年前彼此还较着劲，看谁日后过得更好？可今天自己蓬头垢面的样子，唉，不用说了，他一定认为我混得不怎么样！

这些对他人想法和行为的想象，是真实、客观存在的吗？当然不是。

在川流不息的人群里，谁会记得某年某月某日的某条街上，曾经有一个不相识的你在此摔了一跤？别人讲你"糗事"的时候，或许那个"心仪之人"正在走神，直到大家哄然大笑他才回过神来，根本什么都没听见！至于不期而遇的故人，早已有了新的交际圈、新的生活，未必有时间去想陈年往事，更没功夫回想你的形象，说不定你那天穿的什么衣服，他都记不清呢！

你试着回忆一下：最近你感到剧烈疼痛的时候，可能是头痛、牙痛、喉咙痛，或是在意外事故中受伤，当时你脑子里想的是什么？你会担心有人正在经历饥荒吗？你会想到无辜的人会在路上被撞伤吗？不会！你当时最在意的人是自己，你唯一的想法是让痛苦消失。

这种把自己视为一切的中心，并且直觉地高估别人对自己的关注程度的现象，在心理学上被称为"焦点效应"。焦点效应的本质是自我中心偏见，就是对自我的感觉占据了内心的重要位置，不自觉地放大别人对自己的关注程度，继而过度高估自己的真实影响。

Ann一直以来都是个心思细腻的人，活得有点过于"小心翼翼"，可谓敏感至极。曾经与她非常要好的一位朋友，如今人已在远方。以前，她们经常相互诉说衷肠，分享彼此的喜悦哀伤，不知道从什么时候开始，彼此之间好像断了联系。

有几次，她给对方留言，对方没有回应。过后再回复时，话语也很简单，显得有些冷淡。Ann心想，对方一定是觉得她烦了，之前她总是和对方讲自己心里的烦心事，以及过往的生活给她带来的伤害，她想对方一定是懒得听她唠叨，懒得给她安慰了。

事实上，Ann的那位朋友当时正在准备一个重要的考试，整个人压力很大，根本无暇顾及其他的事，而Ann的顾虑，完全是她的"一厢情愿"。

Ann当然不相信"对方很忙"这个事实，她认定一定是自己哪儿出了问题，惹对方不悦，于是一再试探性地追问对方缘由，还有意无意地指责对方这样做给自己带来的情感伤害。最后，弄得那位朋友着实有点烦了，他无奈地告诉Ann："为了考试的事我已经焦头烂额了，我只不过想自己静一静，真的想不通，你为什么非要把自己牵扯进来？你所说的那些事，我从来就没想过！"就这样，原本没什么隔阂的一对朋友，真的有了隔阂。

这件事之后，Ann开始反思。她过去的那些苦闷，大都不是因为别人做了什么，而是太高估别人对自己的关注度——朋友没有和自己联系，想象着朋友对自己不满，刻意疏远自己，其实朋友忙得无暇顾及；老板突然留自己加班，想象着老板一定是觉得自己工作业绩不好，是有意"惩治"自己，其实老板是需要多一个帮手，希望更快地解决问题；同事这两天没有叫自己一起吃饭，想象着他是因为奖金的事对自己有意见，其实是同事心情不好，他的母亲住进了医院。

在绝大多数情况下，我们并不是他人生活的焦点，也没有人会花费大量的精力一直关注你，刻意想起你过去的错误或是尴尬的经历，因为他们也在忙着担心自己的事情。

如果不小心犯了错，或是做出一些尴尬举动，即使别人看向你，也不要过度脑补太多的东西。别人大都是无意识地瞥一眼留意环境变化，你真正要留意的是脑海里的负面想法——好丢人，别人肯定觉得我……（负面标签和负面评价），是它们正在把你拖入焦点效应的漩涡。

03　别人对你的看法，和你的价值没关系

人们常常过分看重别人对自己的评价，这是人性中的一大弱点，也是诱发消极情绪的一大原因。正如三毛所言："我们不肯探索自己本身的价值，我们过分看重他人在自己生命里的参与，过分在意别人的评价。于是，孤独不再美好，失去了他人，我们惶恐不安。"

他人的评价，有时可以帮助我们认识自己，但这并不代表他人的评价都是正确的，若是不懂得分辨，将其中那些否定自己、怀疑自己的话视为真理预言，无异于沦为了他人的傀儡。

既是他人的评价，就意味着发声者是以他的立场、他的经验，对我们所做之事发表的看法，不总是客观事实。面对复杂的、多样化的评价，甚至是人身攻击时，如何正确地看待它们，是一件至关重要的事，因为它会影响我们当下的情绪，乃至往后的人生。

美国女演员索尼娅·斯米茨，读书时曾经被班里的一个女孩子嘲笑长相丑陋，跑步姿势很难看。索尼娅很受伤，回家后在父亲跟前大哭一场。父亲听后，并没有安慰她："你很好看，跑步的姿势也不差"，而是跟索尼娅开玩笑说："我可以够得着家里的天花板。"

索尼娅有些沮丧，她没有得到想要的回应，更不知道父亲为什么要把话题扯到天花板上？要知道，天花板有4米高，普通人怎么可能够得着呢？见她不解，父亲问道："你不相信，是吗？"索尼娅点点头。父亲接着说，"这就对了！所以，你也不要相信那个女孩子说的话！要知道，不是每个人说的话都是事实。"

索尼娅应该很庆幸，有一位风趣又睿智的父亲。父亲的提醒，让她没

有听信同学对自己的恶意评价。否则的话，多年后的她一定没有勇气自信地站在镜头前，尽其所能地饰演角色。更可能发生的情形是，她会在很多场合中不断地暗示自己："我不好看，动作也不协调……"

人生的舞台很大，会有各种角色蹦出，也会有不同的声音涌现。可是，无论怎样，我们都要记住，这场戏的导演始终是自己。他人的评价就像一块石头，可以被它绊倒，也可以把它踩在脚下，选择权在自己手里。

如果你想把它踩在脚下，下面这几点建议可能会对你有所帮助。

1. 把他人的观点与自我价值区分开

无论别人说什么，都只是他们对事情的主观看法，并不是真理和事实，也并非不可改变。你认为有道理的就听取，认为不对的就一笑而过。至于那些企图要支配你的人，你要坚定一个观点：你的意见跟我没有关系。不必依照他人的感情确定自己的价值，也不必去费心解释和反驳，有些事越解释越纠缠不清，最终都是徒劳。

2. 不要指望所有人都能够理解自己

人的思想、修养、经历各不相同，不可能对他人的言行完全做到感同身受，就连我们自己也一样，会对某些人的某些举止感到疑惑不解。如果每件事都要得到他人的理解之后再去做，那么人生的很多时光和机会，恐怕都已经错过了。

3. 在"不想被讨厌"与"是否被讨厌"之间划清界限

没有人希望被人讨厌，或是故意招人讨厌，这是人的本能倾向。但生活不可能尽如人意——让我们在自由地成为自己和满足他人的期待之间实现完美的平衡。很多时候，我们需要做出选择：要过被所有人喜欢的人生，还是过有人讨厌自己却活得自由的人生？是更在意别人如何看待自己，还是更关心自己的真实感受？

如果只图他人的认可，就得按照别人的期待生活，舍弃真正的自我；如果要行使自由，就得有不畏惧被讨厌的勇气。这不是主张任性自私，而是要将自己和他人的人生课题分离开来。

选择自己感兴趣的职业、坚持自己认可的婚姻观念、拒绝令自己感到为难的请求，这些都是自己的课题，我们该做的是诚实地面对自己的人生，正确处理自己的课题。至于父母对自己所选的职业是否满意，周围人怎样看待不婚主义者，被拒绝的人会不会对自己心生嫌隙，那都是别人的课题，我们无法左右，更无法强迫他人接受我们的思想言行。

"不想被人讨厌"是自己的事，"是否被人讨厌"是别人的事。当你学会在两件事之间划清界限——虽不想被人讨厌，可即使被人讨厌也能接受，你在人际关系中就会变得轻松和自由，不会轻易为了他人的看法而压抑自己、委曲求全。

04 拼命地讨好，换不来别人的"好"

下面有一些词语标签，你认为哪些标签比较符合你的性格特点？

好人 | 体贴 | 善良 | 温柔 | 暖男 | 热心 | 好说话 | 脾气好 |

态度好 | 乐于助人 | 贤妻良母 | 亲切和善 | 找TA帮忙一定可以 |

如果这些标签你中了70%以上，那么你可能在生活中存在讨好型的倾向。具有讨好倾向的人，总是戴着一副"老好人"的面具，就其典型特征而言，主要体现在以下4个方面：

1. 习惯察言观色

习惯讨好的人内心深处有一个不合理的假设：别人的情绪变化与我息息相关，对方不高兴肯定是因为我做得不好。为了维系一贯的好评，他们往往会在对方尚未开口指责自己之前，就率先用讨好的方式博取对方的欢心。

2. 不敢拒绝他人

但凡别人向讨好者发出请求，他们都会接受，哪怕自己有难处，哪怕对方的请求不合理，也不敢回绝。他们担心拒绝会让对方失望，给自己带来差评。如果万不得已必须拒绝，他们会不停地向对方道歉，试图消除对方的不满和负面评价。

3. 不敢表达需求

讨好者的内心深处有一种不配得感，总觉得向他人表达自己的需求会给别人带来麻烦，这会让他们感到愧疚。所以，他们通常不会轻易向人说出自己的感受和需求，哪怕是对方做了有损自己利益的事，也会选择隐忍。

4. 缺少心理界限

讨好者缺少心理界限，做事率先考虑的是赢得他人的好感，很容易在人际交往中丧失原则，哪怕对方做出了触碰自身底线的行为，使得自身权益受到损害，也不敢出声维护和反抗，生怕惹得他人不满。他们在亲密关系中比较容易迁就对方，即使对方提出的条件不可思议，为了维系这段关系，也会选择妥协。

习惯讨好的人无法像花草树木、山河流传一样活得"理直气壮"，他们害怕不被喜欢，害怕被否定，虽然表面看起来可能光芒四射、随和友好、嘻嘻哈哈，可内心却是千疮百孔。

那么，以讨好的姿态示人，真的能获得别人的"好"吗？

美国康奈尔大学曾经做过一项调查，结果发现：过度随和、缺少拒绝力的人，并没有创造出和谐的人际关系，得到的反而是他人的轻视。

很少有人会抗拒与"老好人"来往，因为"老好人"很好说话、不计得失，可是这种来者不拒、不加辨别的"好"，也很少被他人尊重和珍惜。相反，习惯性地付出和迁就，很容易给人一种软弱之感，这样的形象也势必会被对方看不起。与人相处，不仅仅是自己的事，也不仅仅是对方的事，而是两个人之间的事。想让他人以尊重友善的方式对待自己，先要自己把自己当回事。

心理学家埃内斯特·哈曼特说："如果自我是一座古堡，那么心理边界强度便是古堡外的一圈护城河。当然，护城河的宽度由自己决定。"

构建心理边界，有助于讨好者了解自己的情绪和需求，在遇到不喜欢的事情、超出承受范围的请求，以及不公平、不舒适的对待时，敢去捍卫自己的尊严与感受。具体而言，可以尝试从远离应激源开始建立个人边界，比如：发现自己总是不自觉地讨好父母并为此感到疲惫时，不妨在有独立生活能力后搬出来，构建自己的空间和家庭；工作中经常被同事打扰，可以告知对方自己哪些时间有空闲、哪些时间不能被打扰……从细枝末节的小事入手，慢慢打破讨好的倾向。

05　拒绝那些让自己勉为其难的请求

已经连续一个月没有休息过的晓莫，好不容易碰到一个不用加班的周末，就想在家好好待一天。没想到，好哥们打电话过来，让他帮忙去做一个程序。晓莫真心不想动，可是哥们难得开一次口，还提前订好了吃午饭的餐厅，晓莫实在抹不开面子。

晚上吃完饭回来，晓莫深感疲累。虽说做个程序不太麻烦，可是吃饭、聊天、往返路程也耗费体力和精力。然而，想起帮哥们做完那个程序后，他拍手叫绝的样子，晓莫心里还是挺欣慰的。起码，他觉得自己在朋友那里还是有价值的，也不算白忙活。

这样的情形，不止一次出现在晓莫的生活中。

远道而来的同学到了晓莫所在的城市，邀请他共进晚餐，并告知明天一早就要离开。晓莫刚出差回来，想在家休息，可碍于面子只能去赴约了；同事找晓莫帮忙，他心里不太愿意，却总是不好意思拒绝。为了缓和心理上的失衡，他只能默默安慰自己：既然改变不了处境，那就改变一下心境吧！毕竟，帮助别人落个好名声，就算身体累一点，也是值得的。只可惜，这种安慰，仅仅是短暂的精神胜利，他并不喜欢自己这样的做法。

面对让自己感到纠结的人和事，面对那些诚恳的请求，明明很想拒绝，却怎么都无法开口，只好硬生生地把"不"字咽下去……这样的做法是一种严重的内耗，既要承受违心的痛苦，还要承担额外的付出，甚至牺牲自己的利益。既然违背内心是如此痛苦，为何不拒绝呢？到底是什么原因让有些人宁肯说谎，也不敢说"不"呢？

原因1：自我价值感低

低价值感的人很渴望被接纳，总是用"受欢迎""被喜欢"的标准来证明自己是好的，认为只有自己能给别人带来好处才会被喜欢。为了不让别人失望，经常猜测别人的想法，以及别人对自己的态度，过度解读他人的表情、眼神，看到别人不高兴，就把问题归咎到自己身上。

想要有拒绝他人的勇气，前提是先建立自信，为自己树立界限，睁开眼睛去看看那个叫做"恐惧"的怪物。知道低价值感的起源，知道为何自己害怕拒绝，看到自己之前所承受的重担和束缚，用悲悯和爱护去替代对自己的苛责与谩骂，内心的冰山就会慢慢溶解。

原因2：用付出维持关系

沉浸在过度的爱中，努力让他人满意，渴望通过单方面的付出来维系一段关系，不敢有丝毫的违背与拒绝。这样的行为看似伟大、无私和忘我，实则是在忽略自我需求，削弱自我意识，失去对自我的掌控。

人本主义心理学家罗杰斯说过：我们的生命过程就是做自己，成为自己的过程。一个人的生命意义就在于选择，只有不断为自己的人生做出选择，才算是真正地活过。如果生活处处被人安排，无论这种安排多么完美，都会让人丧失自主的能力。

原因3：虚荣心过于强烈

朋友来借钱，自己没有财力，怕被朋友看不起，宁愿从其他处借钱给对方，也不肯开口回绝。等到自己急用钱时，或是"债主"找上门时，又不好意思向那位欠钱的朋友要账，只好自己背着。这样的人之所以不敢拒绝，完全是被虚荣束缚了。

维护尊严是人的本能与天性，每个人都渴望得到他人的尊重。不过，面子并不等同于尊严。面子是外表的，尊严是内在的；面子是给别人看的，尊严是留给自己的。错把面子当尊严，做不到的事还要硬撑，不仅会给自己套上枷锁，也会让他人看不起。

原因4：把拒绝视为自私

每个人都可以把自己理解成一个圆，圆内是自己可以掌控和承受的范围，是合理的、安全的、被允许的，圈外的部分是自己无法掌控的，区分内在世界和外在世界的圆圈就是心理边界。

有明确的心理边界，意味着要拒绝和放弃自己无法掌控的事物，这不是自私，而是自知和自保。如果他人的请求在自己可掌控的能力范围内，那是可以接受的。

瑞·达利欧在《原则》中说过："当你培养人际关系时，你的原则和别人的原则将决定你们如何互动。拥有共同价值观和原则的人才会相处融洽。没有共同价值观和原则的人之间将不断产生误解和冲突。"

任何时候，尊重自我都不为过，而那些真正信任和尊重我们的人，也不会因合理的拒绝而恼火。今后，再遇到让你勉为其难的请求时，就清清爽爽地跟它们告别吧！

06　热衷于虚荣和攀比，
　　　只会惹来烦恼

耿定向在《权子·顾惜》中，谈到了一则《孔雀爱尾》的故事：

一只孔雀长着漂亮的长尾，金黄与青翠的颜色闪耀着金光，那份美丽任何画家都难以描绘。不过，孔雀生性妒忌，看到衣着华美的人就气愤不已，追着啄他们。

孔雀很珍爱自己的尾巴，在山野栖息的时候，总是先选择好一处搁置尾巴的地方才安身。一日，天空突然下起雨来，打湿了孔雀的尾巴。此刻，捕鸟的人也正朝孔雀的方向走来，而它却还是珍惜地回顾自己美丽的长尾，不肯飞走。

就这样，孔雀被捉住了。

羽毛再美，也敌不过生命与自由。可惜，虚荣的孔雀完全没有意识到这一点，它只懂得开屏时顾盼自傲，向人炫耀天赐的外表，却不知道虚荣终会把自己推向无底深渊。

人一旦在生活中出现了"孔雀心态"，也很容易陷入争强好胜的境地，为了攀比，为了出头，为了炫耀，给自己惹来莫名的闲气和无尽的烦恼。

很多人并不是在为自己活着，而是为了面子活着，心中的烦恼不是因为真的缺少什么，而是因为"别人比自己好"而产生了心理失衡。如果能把虚荣和攀比心放下，安心走自己的路，明白每个人的生活都不一样，能大大地减少精神内耗。

某报刊记者曾经采访过一位女医学教授。当时，女教授已经65岁了，言谈举止之间，既透着优雅，又不失活力。她曾在美国工作四年，这段经历让她颇有感触。

曾有一次，女教授与医院里的一位主任秘书聊天，那个美国女孩告诉她："我们做这么多事，能让老板腾出时间做我们做不了的事，所以很开心。"这句话让她瞬间体会到，不攀比、不计较，才是快乐的源泉。

作为医生，她见过太多生死离别，对生命的感悟也更为透彻。

她说："一个人活一辈子，开开心心才是对自己好。虚荣心太强，总是跟别人比，心理肯定会失衡，情绪也会受影响，时间长了病也就跟着来了，倒不如凡事看开点，活得简单些。"

每天活在膨胀的物欲之中，被物质激发的虚荣与攀比包裹，很难活出轻松自在的状态。把目光专注在自己眼前的生活上，少去思索别人的目光，少与他人的生活对比，可以减少许多不必要的烦恼。人生是自己的经历和体会，不是屏幕上的角色较量，我们没有那么多的观众，也不需要成为他人的观众。

07　把关注点放在1%的美好事物上

　　世界上任何一份工作，如果你想的话，都可以找到"偷得浮生半日闲"的时刻，唯独"全职妈妈"没有这样的机会。特别是在孩子小的时候，更是对体力、精力、心理的巨大考验。

　　插画师小柯刚搬到了一处新家，住在她对门的女主人是一位全职妈妈。

　　入住的第一天，小柯就被女邻居的热情打动了。她告诉小柯，附近哪家店买东西最实惠、上下楼居住的邻居都有谁、做什么工作，等等。不过，认识的时间久了，小柯就开始下意识地避免和她聊天，通常打个招呼就过去了。

　　原因是小柯发现这位妈妈太喜欢关注他人，习惯以这些事作为聊天的话题，且很喜欢对事件的主人公进行各种道德评判。大约是性格和工作原因使然，小柯不太喜欢凑热闹和闲聊，人多了，听到的信息多了，会觉得大脑比较乱，很难一下子静下心来。

　　小柯很欣赏邻居热情的生活态度，可是为了保存有限的精力，用来完成给自己安排的既定任务，她还是主动选择了与女邻居保持距离，减少不必要的闲聊。

　　关注任何一样东西都要消耗精力和时间，过度关注别人的生活，就是在虚耗自己的能量。

　　一位作家在某档演讲节目中，谈到过这样一件事：

　　有几年的时间，他一直在寻访世界古文明遗址，在即将完成的时候，一位传媒公司的总裁对他说："最后一站，我陪你走吧！"

　　在寻访古遗址期间，由于客观条件的限制，作家无法看电视和报纸，根本不知道这几年世界发生的变化，借助这个机会，他也希望这位总裁给自己补补课。没想到，这位总裁只用了不到十分钟的时间，就把这几年世界发生的事情讲完了。

作家觉得很诧异，不敢相信就只有这些，但对方告知，就只有这些。接着，作家又让他讲一讲中国在这几年里发生的事，结果对方只用了五分钟就说完了。

传媒总裁看到作家的脸上流露出失落的神情，补充了一句说："绝大部分的事情发生后的第二天，我就连再讲一遍的兴致都没有了。"

听完这句话，作家瞬间释然了，并在心里暗自庆幸："我这几年不管不顾，看来并没有损失什么。专注于喜欢的事情，反倒收获了不少的快乐。"

每天发生在我们身边的99%的事情，对于我们而言都是毫无意义的。那些既不重要也不紧急的事，那些与自己毫无关系的人，根本不值得为此耗费宝贵的精力。把注意力拉回到自己身上，把大部分的时间和精力倾注在1%的美好的人、事、物上，不仅能够感受到情绪上的滋养，还能收获一个属于自己的、高性价比的人生。

08　经营"人设"是一件耗费心力的事

身边的一位心理咨询师朋友说，借助咨询室的这扇窗户，他看到了世间百态。

在近二十年的职业生涯中，他接触过各种各样的人：有被情感和婚姻折磨得苦恼不堪的女性；有学业和生活一塌糊涂的年轻学生；有被顽皮行径搞得焦头烂额的父母；也有担任要职却因过分焦虑而严重影响工作的专业人员……这些人所处的情境不同，苦恼的原因也不太一样，但在这些差异后面，却有着一个共同探求的核心问题：我到底是什么样的人？我怎样才能接触到隐藏在表面行为之下的真正的自己？我怎样才能真正地成为我自己？

美国人本主义心理学家卡尔·罗杰斯认为，每个人的心中都有两个自我：一个是自我概念，即真实自我；一个是打算成为的自我，即理想自我。如果两个自我有很大的重合，或是相当接近，人的心理就比较健康；反之，如果两种自我评价间的差距过大，就会导致焦虑。

为了应对焦虑的情绪，很多人选择花费大量的精力去经营自己的人设。

从本质上来说，这也是一种心理防御，目的在于呈现出一个相对理想和完美的形象，以避免用真实的自我示人。这个理想形象的出现，看似是可以补偿对真实自我的不满，但最终的结果却是，更加难以面对真实的自我，更加蔑视自己、厌恶自己，因为把自己过分"拔高"了，现实中的自己根本无法企及。在理想化自我与真实自我之间痛苦挣扎，在自我欣赏和自我歧视之间左右徘徊，既迷茫又困惑，找不到停靠的岸。

日本综艺节目《NINO桑》曾爆料过"网红"西上真奈美的真实生活，令人唏嘘不已。

西上真奈美的职业是模特，拥有二十几万的粉丝。她在 Instagram 上的"人设"，满足了无数年轻女性理想自我的模样：每天都穿着漂亮时尚的衣服，吃着精致健康的食物，住在干净整洁的家里，时常与亲密知心的好友小聚……身处被压力包裹的时代，谁不希望能在颠簸的生活中找到一处可栖息的角落，活成自己喜欢的样子，和喜欢的一切待在一起呢？只是，这样的美好画卷真的可以实现吗？

节目组在跟拍西上真奈美以后，惊讶地发现，那幅美好的画卷只是泡沫，她的真实生活并非如此。那些摆在桌上的沙拉，从头到尾都只是在拍照，西上真奈美压根就没有动过筷子。她直言说道："我其实特别讨厌蔬菜沙拉，只是它看起来色彩缤纷，所以就点了……"明明只有一个人吃饭，却偏偏要点两份，只是为了看起来像和朋友一起出来的。

走进西上真奈美的家，简直让人瞠目结舌，脏乱不堪到无处下脚。至于社交平台上的那些美照，不过是把东西拨开，露出来的一个小角落罢了。那只经常出境的小狗，也不是她亲自照料，都是父母在养，偶尔拍个照给她，发出来秀一秀而已。

经常与西上真奈美一起出现在社交网页上的好友，并不是她的闺中密友，全是她从街头随便拉来的路人。那些看起来热闹非凡的聚会，也都是花钱请人来客串的，为的就是维持自己"社交达人"的人设。在现实生活中，西上真奈美根本没有朋友。

在节目的尾声，有嘉宾问西上真奈美："每次请客来组织聚会，开销会不会很大？"西上真奈美说："我家里很有钱，所以……"到了这个时候，她还在维持那个早已坍塌的"家境好、人漂亮、有情趣、会生活"的人设。

这个节目播出后，哗然一片。很多人是无意识地以理想自我示人，是早年的成长经历所致，也尚在情理之中；而像西上真奈美这样，在设计好的角色中去饰演"看起来美好"的人生，完全是自欺欺人。既是人设，就有崩塌的可能。当这个"理想自我"遭到别人的攻击时，就会本能地去维护那个理想自我的形象，处于无意识的自我防御中，从而迷失自我。

精神学家爱德华·惠特蒙说:"我们只有满怀震惊地看到真实的自己,而不是看到我们希望或想象中的自己,才算迈向个人生活现实的第一步。"卡尔·罗杰斯也说过:"如果我与人接触时不带任何掩饰,不企图矫揉造作地掩盖自己的本色,我就可以学到许多东西,甚至从别人对我的批评和敌意中也能学到。这时,我也能感到更轻松解脱,与人也更加接近。"

饰演理想的自我,戴着人格面具生活,是一件极其耗费心力的事。因为你不仅要苦心维持那个虚假的理想自我,还要承受害怕真实自我被他人看到的恐惧与担忧。想要从这个深渊里解脱出来,就要拆掉所有的防御,接近自己的本来面目。

直面真实的自我是一种挑战,却也是让我们步履轻盈过生活的唯一途径。当我们不需要再遮遮掩掩,不再畏惧以真实的自我示人时,大量的精力就得到了释放,让我们将其集中在可以改变的事物上,用心去体会充满情感、有血有肉、起伏变幻的生命过程。

【自我训练】减少自我关注

当注意力完全被自我占据时，很难留出精力去关注其他的事物，这也导致无法准确地认识周围的事物，很难领会他人的话，留意他人在做什么，接收不到对方的真实反应。然后，通过自己的想象去弥补这些空白，认定对方觉察到了自己的缺点与不足，猜想他们会怎样议论纷纷。结果，又进一步加深了对自己的负面评价。那么，怎样才能减少自我关注呢？

1. 把注意力放在周围的事物上

要避免过度地自我关注，最关键的一点就是把注意力更多地集中在身边的事情上，而不是自己内心的消极想法、感觉或情绪上。把注意力集中在周围的人和事上，可以阻断对自身表现的胡乱猜测，有效地摆脱那些认为表现得很糟的想法。

当然了，也不能把所有的注意力都放在别人身上，完全忽略自己的存在。最终要实现的目标是做到对内心和外界保持同等关注，可以自如地切换关注点，而不是完全沉浸在自我的世界。

2. 放弃对"理想行为"的预期

不要总是担心自己的言行会出现"错误"，试图让自己时时刻刻都能表现得如预期中一样。事实上，有谁能够说出"理想的行为"是什么样的呢？又有谁真的可以达到"理想的预期"呢？每个人都有自己看待事物的角度和方式，从客观上来说，只要人与人之间存在差异，就不可能存在一种标准化的"理想的行为"。

按照想象中的"理想的行为"去要求自己，本身就是在给自己制造压力。按照现实原则，只要选择感觉舒服或是对自己有益的方式就好了，大可不必为自己的行为模式感到不安。

退一步说，就算周围人注意到了你的细微变化，往往也不会在意，因为那对他们而言并不重要。你不是世界的核心，也不是别人生活剧本里的主角，多数人不会太在意别人做什么，也不会花费太多时间去评价别人，他们更关心的是和自己有关的事情。

第四章

给予自我同情

停止自我攻击,
像善待朋友一样善待自己

01　生而为人，我们都需要自我同情

苏杉是一位自媒体作者，文笔出众，分析问题的视角独特。由于笔耕不辍，总有令人惊艳的文章推送出，她在各个平台的粉丝增长得很快，阅读量也越来越高，不少文章还被"大V"转载。

在苏杉的自媒体之路越走越宽之际，广告商也开始联系她。苏杉有自己的原则，并非任何广告都接，她担心会影响读者的体验。在精挑细选后，她在公众号的二条推荐了一款台灯，也赚到了自己的第一笔广告费。

原本是一件好事，可是没想到，推文的第二天就遭到了不少粉丝的谴责："没想到你也开始接广告了""终究没能敌得过铜臭的诱惑""果断取关，初心也不过如此"……望着那些扎眼的评论，苏杉心里五味杂陈，有委屈、有愤怒、有焦虑，也有憎恶。她没有回避这些真实的感受，但在承认了这些情绪反应之余，她还感受到了一丝愧疚和自责，觉得自己好像做错了什么。

到底"错"在哪儿了呢？苏杉扪心自问。慢慢地，答案浮出了水面——"似乎我就应该安心地写文章，把有价值的想法输出，不应该和钱扯上任何关系。赚钱的想法和欲望，似乎不该存在于我的想法里，这样会显得很庸俗。"

苏杉把这些想法分享给一位朋友，朋友反问她："看到别人的公众号里推送广告，或者付费阅读时，你有这样的感受吗？会觉得他们庸俗吗？"苏杉表示，完全没有这样的想法，她觉得为他人的知识付费，也是对其劳动成果的尊重。

你有没有发现，苏杉的内心存在着强烈的矛盾冲突？在她看来，为知识付费是合情合理的，也认可别人承接广告、设置付费阅读的行为。然而，当这件事情发生在她自己身上时，她却开始对自己实行道德绑架——"我的文字是清新脱俗的，可我却在利用它赚钱，这让我感到羞耻。"

生而为人，对金钱有欲望，是罪恶吗？不，这是正常的需求，就如同饿了想吃东西、渴了想喝水、累了想休息、孤单了想有人陪伴一样，没有人会因为这些问题而指责我们说"不该如此"。不敢正视真实的欲望，总是将其压抑到潜意识中，更容易给自己带来莫名的情绪困扰。在这个世界上，我们唯一无法欺骗的人就是自己。我们需要对自己保持诚实，同时也需要学会自我同情。

自我同情，是心理学家克里斯廷·内夫提出的一个概念，指个体对自我的一种态度导向，在自己遭遇不顺时，能理解并接受自己的处境，并用一种友好且充满善意的方式来看待自我和世界。

以苏杉为例，她并没有做错什么，赚钱的欲望是人之本能，也是生活所需，她需要正视自己的真实欲望，接纳它的存在。做个假设，就算苏杉真是无心做错了一些事，比如广告中推荐的产品质量不佳，也不能给她贴上一个"唯利是图"的标签。每个人都可能犯错，不能因为一次无心之过，把自己永久地围裹在自责、内疚的黑洞里。

概括来说，自我同情通常包含三个部分：

1. 不评判

当我们犯了错误或失败时，很容易出现责备自己的情形。有些人会拼命压抑情绪，认为犯错后安慰自己是懦弱的表现；也有些人会认为自己很没用，陷入不能自拔的失落中。

自我同情，可以让我们用一种"不评判"的态度来对待自己，既不刻意压抑情绪，也不过分夸大情绪，这能够帮助我们比较平静地接纳痛苦的想法和情绪。

2. 自我友善

对于他人的错误或苦难，我们很容易给予理解，可同样的问题出现在自己身上，却成了例外，经常会在内心对自己进行审判和苛责，认为"我不该如此"。

自我友善，意味着用温暖包容的态度理解自己的不足与失败，就像对待陷入困境中的朋友一样，而不是一味地谴责批评。

3. 共同人性

当人们经历不幸的时候，往往会觉得自己是这个世界上最倒霉、最不幸的人，似乎这些不幸都是自己的责任。于是，内心就会泛起多重疑问：为什么只有我这么糟糕？为什么只有我一无是处？为什么只有我被人辜负？一遍遍地重复，会让原本就低落的情绪变得更糟。

共同人性，就是在面对不幸的事情时，告诉自己："生命的每一刻都会发生数以千计的失误，很多人都会遇到不幸的事，我并不是唯一的不幸者。"把自己的失败和痛苦当成是人类普遍经验的一部分，可以帮助我们不被自己的痛苦所孤立和隔离。

那么，我们在日常生活中该怎样自我同情呢？

第1步：及时觉察

回想一下，你是否经常会对自己说赌气的话、难听的话，或是在遇到挫折时惩罚自己？

自我反省和自我批评是成长进步的必经之路，一定的负面想法也可以帮助我们调整自己的行为，但是不加怜悯的诚实是一种残酷，带来的往往是挫败感。所以，当那些批判和否定自我的念头冒出来时，要及时地觉察，这是改变的开始。

第2步：全然接纳

当你觉察到那些胡思乱想、自我批判的念头时，强迫这些想法停下来是很困难的，它们会不受控制地在你的脑海里翻腾。要记住一点，没有不应该产生的想法，哪怕它们让你感到很难受、很痛苦。试着在脑海里，给所有不安的想法一个栖身之所，让它们静静地待在那里，允许并接受它们存在。

第3步：积极暗示

做到了前两项之后，试着告诉自己："这的确是很艰难的时刻，可艰难也是生命的一部分，我已经做到了我所能做的——最好的样子。"这些积极的自我暗示，会让你对自己有更好的感受，并获得面对问题、解决问题与继续前行的勇气。

02　即使不够优秀，你仍然值得被爱

在过去的很多年里，潇潇一直被这两个字绑架——"优秀"。

读书的时候，她一直是班上的佼佼者，每次考试都会努力获得一个傲人的成绩，然后把它呈现在家人面前，看他们喜笑颜开的样子，再给予自己肯定与赞美。作为孩子，她感到无比荣耀，外界的认可也让她感受到了自我价值的存在。

潇潇并不知道，其实这是一件很危险的事。因为她在不知不觉中，已经把优秀与被爱联系在一起了，有一个念头在她脑海里深深扎根："别人喜欢我，是因为我成绩好，我很懂事，我从不惹麻烦……为了获得别人的喜爱，我要变得更加优秀。"

就这样，潇潇对自己设定了一种近乎偏执的、严苛的要求：要优秀、做好人、有教养、多学习；与之对立的就是：不能落后于人，不可以犯错，不能有怨言。如果做不到，她就会焦虑、恐慌、郁闷，因为害怕自己会不被喜欢、不被接纳、不被认同。

这是一条艰难的路，让她吃了不少苦头。她总是极力地把自己最好的一面呈现出来，哪怕偶尔有委屈，有不满，也会悄悄藏在心里，拒绝暴露自己的脆弱和自卑；为了避免犯错，宁愿把手边的机会让给他人；一旦做不好某件事，内心的自责会折磨得自己彻夜难眠。

这种模式也影响到了潇潇的亲密关系，她觉得，另一半对自己的喜爱在很大程度上是出于看到了她身上的闪光点。她小心翼翼地跟对方相处，害怕对方看到自己的不足，甚至在对方做了一些让她不开心的事情时，也强忍着情绪不表现出来。

直到有一天，潇潇因为工作的压力，陷入了低迷中。她在伴侣面前哭

了，觉得自己没有把该做的事情做好，有强烈的挫败感，认为自己糟糕透顶……那一刻，她可能是压抑不住了，也承受不了，以至于做好了"他看到我歇斯底里的样子后会离开我"的准备。

可是，潇潇猜错了。伴侣平静地听她诉说完自己的感受，安慰道："我们都得承认，自己只是一个普通人，没有超能力，身体和精力都有极限。谁都会有疲惫的时候，这不是错，你要给自己放几天假，休息一下了。"

潇潇现在回头去看当时的自己，依然感慨良多。

过去那种根植于内心的功利性审美，让她不敢有一丝一毫的懈怠，让她始终紧绷着神经，努力呈现自己最好的一面。当然，它也给潇潇带来了一些益处，比如进入好的学校、获得更高的报酬，但弊端也是不可估量的，它让潇潇形成一种错误的认知，把优秀当成了最重要的护身符，习惯性地用它来定义自己的价值，并在内心落下了一个巨大的缺口：真实的我不配爱，只有优秀才配爱。所以，她不断逼迫着自己优秀，用来打消心中的战战兢兢。

那一次的经历，对潇潇产生了一些触动，但要说彻底改变，还不太现实。成长这件事，总是很缓慢的，可只要意识到了，就有了改变的切入口。

优秀可以赢得他人的欣赏，却无法建立亲密关系。

亲密是什么呢？是你觉得这个人喜欢你，爱你，只是因为是你，而不是因为你的任何外在条件。在他面前，你相信自己是被接纳的，哪怕你有缺点；你相信自己是被欣赏的，哪怕你呈现出了最狼狈的一面；你相信自己是被允许的，哪怕你做错了事，说错了话。

优秀从来不是被爱的原因，而是被爱的结果。真正的优秀，动力只有一个，就是在被爱与被欣赏中，感受到自己的特别与珍贵，并发自内心地努力。这份被爱与欣赏，是针对真实的自己，而不是一个理想化的自我。每一个真实的我们，都配得上被爱，也配得上这世间美好的东西。我们追求和享受一切好的事物，因为我们本就值得。

03　每一个真实的人都有自己的"胎记"

美国犯罪小说家派翠西亚·海史密斯在其代表作《天才雷普利》中，成功地刻画了一个内外相斥的人，他就是主人公雷普利。

雷普利是一个颇具才华的青年，有野心、有抱负、有能力，擅长伪装，会模仿任何人的笔迹和声音。他渴望成功，渴望金钱，渴望权力，渴望地位，只是这些他都不曾拥有，倒是船王的儿子迪奇，过着他想要的生活。

雷普利羡慕迪奇的人生，他不想让任何人知道自己的贫穷和卑微，尤其是他心仪的富家女梅尔蒂。于是，他慢慢地融入迪奇的生活，并为他的生活形态所迷惑，在无法说服迪奇回国后，欲望让雷普利失去了理智，他杀死了迪奇，并设计圈套从船王手里得到了一大笔钱，以迪奇的身份开始生活。就在雷普利陶醉于自己亲手打造的美梦中时，他因一次意外的巧合露出马脚，引起了警方的怀疑，并开始对他进行调查。

雷普利竭尽所能地去伪装他人，从心理学上说，这是他不敢面对真实的自己，不认同真实的自己的表现。文学作品总有夸张的成分，现实中像雷普利一样自我否定到近乎畸形的人并不多，但和他一样不愿意接受自我的人却并不少见。

某公司的一位女职员，能力和样貌都很出众，唯独手上长着一块极其丑陋的胎记，拇指长得又粗又短。如果单看她的那只手，很难跟她本人联系在一起。为此，她总是避免去做一些让别人可能关注到她手的事情。

有一次，公司收到国外客户寄来的一些样品，在跟同事一起把东西往总裁办公室挪的时候，她发现同事的眼睛似乎直勾勾地盯着她的手看。她一下子就慌了，赶紧把手往包裹的下方挪，企图把拇指和胎记掩盖起来。

结果，这一慌就出了岔子，东西掉在地上摔坏了。

不久后，公司派她向媒体演示新开发的产品，由于中途计算机出了故障，只能找一个人跟她搭档进行演示。这让她很为难，她的手每碰一下鼠标，每敲击一下键盘，每做一个手势，都可能会让身边的搭档看到自己手上的缺陷。她脑子里一直想着这件事，以至于在发布会上根本无法专心演示，且动作看上去僵硬极了，与这个新产品倡导的"流动的科技"形成了巨大的反差。演示完毕后，台下的人没有感受到新品的新颖之处，而是纳闷为何这么一个有实力的大公司，非要让一个表情僵硬、逻辑混乱、表达不清的人来做演示呢？

有一天，她向总裁汇报完工作，总裁突然说起她最忌讳的事："你手上的是胎记吧？"她慌忙地把手往身后藏，脸色大变，含糊地"嗯"了一声。总裁意味深长地说："我身上好几块呢！这可是每个人独一无二的标志啊！"

听到总裁这样说，她的神情不那么紧张了，头一次敞开心扉地说："这块胎记是我的心病，一直害怕别人看见和说起。"当她把胎记和短粗的拇指暴露在总裁眼前的时候，总裁笑着说："你没觉着，这块胎记有点像一颗心吗？"

女职员一直以为，把缺陷摆在他人眼前定会遭到取笑，听到总裁这样说，她才意识到，这不过是她自己的想法罢了。自那以后，她就逐渐放下了自己的顾虑。结果表明，没有谁嘲笑她，别人对她的态度和从前没什么两样，而她自己的变化却很大。不再纠结于自己的胎记和拇指后，她对工作更专注了，做得也比以前更好了。

谁都会有缺点和不足，无论是性格上的、能力上的，还是身体上的，但这不过是生命中的某一方面，它代表着你，但不代表你的全部。人应当完整地接纳全部的自己，而不是删减的自己。

04　由衷地相信并对自己说——
　　　我很重要！

"我很困扰，会好起来吗？"

"嗯，会的，会好起来的。"

"是吗？像你一样。"

"谢谢。你越了解自己和了解自己要什么，你就越不会被困扰。"

"对。我只是不知道我应该干什么，你明白吗？我尝试写文章，但是我讨厌自己写出来的东西。我也试过拍照，但是拍出来的东西很普通。每个女孩都会经历玩摄影的阶段，比如照马，或者照你的笨脚趾。"

"你会开窍的，我可不担心你。继续写文章吧。"

"但我太平凡了。"

"平凡也不错。"

这是电影《迷失东京》中一段经典的对话，一个是年轻美丽的大学毕业生夏洛特，一个是正在遭遇中年危机的过气好莱坞影星鲍勃·哈里斯，两个迷失又孤独的人，在东京这座流光溢彩的大都市中相遇，彼此陪伴度过了生命中重要而又奇妙的几天。

鲍勃告诉夏洛特，越是了解自己的个性和需要，就越不容易被外界影响。认识自己，向来都是人类最古老而又永恒的课题，从古希腊哲学家柏拉图提出的"人是用足走路的，无毛的动物"，到马克思用自然属性、社会属性来定义人；从古希腊石壁上的神谕"认识你自己"到叔本华的自问"我是谁？"，人类早已有了认识自己的欲望。

无论是正在寻找自己在世界中的位置的年轻人，抑或不再年轻但也想要设法知道自己是否在正确的轨道上前行的人，我们都需要认识自己。认识自己可以让我们看到自我的价值，从而更好地认识世界，更好地发展自己的职业和生活，更清晰地知道"我要什么"。

知道自己想要什么，也许并不能完全解除我们对生活的困惑，但或许会减少人生途中遇到的许多迷茫，让我们不会轻易被外界影响，迷失自己。认识自己的前提是了解，了解的前提是发现和接纳。很多时候，我们的忧虑和烦恼大多来自两点：在自我设限的时间里，发现了自我的真实特征而无法接受；亦或是，根本就没有发现真正的自己，盲目地妄自菲薄。

这样的心理被奥地利心理学家阿德勒称为自卑。他认为每个人都有不可避免地存有自卑感，只是程度不同而已，包括他自己。

阿德勒在上中学时曾一度不擅长数学，成绩从未上去过。在老师和同学的消极反馈下，强化了他数学低能的印象。直到有一天，他出乎意料地发现自己竟能做出一道连老师都感到棘手的题目，才成功地改变了对自己数学低能的认识。

在《自卑与超越》一书中，阿德勒首度表达了他富有创见的观点：人类的所有行为，都是出自于"自卑感"以及对于"自卑感"的克服和超越。实际上，有太多的人从来没有意识到这个问题。与能够做到的人相比，大多数人只发展了10%的潜在能力，即使从身心两方面的总和来看，我们也只使用了很小的一部分，把自我封闭于体内极其有限的一小部分空间里。往往，我们具有连自己都不知道的各种各样的能力，却习惯性地不懂得怎么去利用。

你和我，我们都一样，也都有这样的能力。要知道，每一个人都是这个世界上全新的唯一，从开天辟地到现在，从来没有任何人完全跟你一样；而将来直到永远，也不可能再有一个完完全全像你的人。对此，我们应该尽量利用大自然所赋予的一切，不要再浪费任何时间去忧虑我们是不是其他的谁，充满自信地做好自己，唱自己的歌，画自己的画，做一个由我们的经验、环境和家庭所造就的独一无二的自己，这样绽放出来的美丽才拥有独特的魅力。

英国著名演员、剧作家诺艾尔·科沃德曾经说过:"我对这个世界相对而言无足轻重;另一方面,我对我自己却是举足轻重。我唯一必须一起工作、一起玩乐、一起受苦和一起享受的人就是我自己。我谨慎以对的不是他人的眼光,而是我自己的眼光。"

我们都应当有勇气且值得对自己说一句:我很重要!即使地位再卑微,身份再渺小,也丝毫不该影响到我们对自己的爱与信任。重要并不是伟大的同义词,它是心灵对生命的允诺。

05 停止内在的批判，真实本就有好有坏

尼采说："每个人距离自己是最远的。"

很多时候，人最不了解的是自己，最容易疏忽的也是自己，能够做到客观正确评价自己的人，终究是少数。特别是在身处逆境的时候，无论是否真的愿意，都会忍不住地倾向于自我攻击、自我贬低，甚至选择自暴自弃。

哈佛大学心理研究中心的资深教授乔伊斯·布拉德认为：自我评价是人格的核心，它影响到人们方方面面的表现，包括学习能力、成长能力与改变自己的能力，对朋友、同伴和职业的选择。

不夸张地说，一个强大、积极的自我形象，是为成功所做的最好准备。相反，真正会打败我们的，不一定是外界的环境和事件，而是消极的信念与自我评价。如果我们无法对自己做出客观的评价，就会习惯性地低估自己、怀疑自己，很难做到自尊与自爱。想要的不敢去争取，觉得自己不配得；有机会不敢去争取，不相信自己有能力做到；看不到自己的长处，总是拿自己的短处去跟别人的长处比较，强化内心的消极信念。

《蛤蟆先生去看心理医生》里有一句直戳心窝的话："没有一种批判比自我批判更强烈，也没有一个法官比我们自己更严苛。"在现实生活中，时刻影响我们自尊水平的因素，不是外部环境，而是我们头脑中的想法。

看过电影《阿甘正传》的人，一定还记得出现在镜头下那根羽毛，它在空中时而迎风飞舞，时而缓缓飘荡，像极了阿甘的人生。阿甘是一个智商只有75的人，可他却活出了常人都难以企及的精彩，长跑、打乒乓球、

捕虾、创业……几乎做什么都成功，他经常挂在嘴边的一句话是："我妈妈说，要将上帝给你的恩赐发挥到极限。"

这部影片借助阿甘这个特殊的角色告诉我们：无论你多么平凡，多么普通，那都只是一个表象，不要为此对自己感到失望，更不要为此而感到自卑，因为你不知道自己身上隐藏着什么样的潜能，能抵达什么样的山顶，看到什么样的风景。

纳尔逊·曼德拉说得好："我们最深切的恐惧并不是来自我们的胆怯，我们最深切的恐惧却是我们无法衡量自身的强大。我们常问自己，谁具有才华、天赋，并能创造神话，而谁不能？其实，我们与生俱来就拥有上帝般的才华。"

人生最重要的关系，是自己与自己的关系。很多时候，我们感到焦虑、愧疚、自卑、懦弱，不是因为我们不够好，而是因为内在有一个严厉苛刻的批判者，不停地对我们进行挑剔和指责——你不够聪明、你能力不足、你不漂亮、你胆子太小，等等。认同了这些话，我们就会持续地吸引他人强化这些声音，进一步地感到自惭形秽。

要摆脱内在批判者的控制和支配，就要提高觉察力和辨别力。当你在生活中遇到问题，忍不住想要进行自我批判的时候，试着先安静下来，思考一下：

1.这究竟是事实，还是头脑中的想法？

2.如果是事实，思考自己要为眼前的处境承担多少责任？自身存在什么样的问题？

3.往后遇到类似的情形要注意什么？

这种客观理性的分析，有助于避免简单机械地把内在批判的声音当成真理。在经过思考和分析后，如果发现头脑中那个"自我批评的声音"不是事实而是想法时，不要去认同它，也不要去对抗它，试着跟它们保持一点距离，允许它们存在，任它们自生自灭，把它们当成一种背景音乐，然后去做自己认为更值得、更重要的事。

当我们不再受困于内在专横苛刻的批判声，学会用客观公平的目光全面地审视自己，就能够更好地探索出属于自己特有的标准和自信，收获稳定而持久的安全感，有足够的力量去承认——我不需要完美，真实本就意味着有好有坏。

06　奔跑的你值得敬畏，
　　累了的你更值得善待

不止一次跟朋友分享过圆谷幸吉的故事：他是日本的一位长跑运动员，年少时就跑遍了自己家乡所有的道路。1964年，日本主办奥运会，他被选入国家队，参加马拉松比赛。

比赛的那天早上，圆谷幸吉照例喝了一杯茶出门比赛，像已经多次完美地做过那样的冲出去。他的双腿受过最严苛的训练，其他的选手很难跟上他的节奏。半程过后，他的胜利几乎已无悬念。可是，不知不觉间，一个叫阿比比·比基拉的人加快了步伐，在距离体育场三公里的地方超过了圆谷幸吉。最后一百米的时候，圆谷幸吉看到另一个对手也超越了自己，他想要加快速度，但经过严格编制设定的心脏和肌肉骨头，没办法承受这些额外的任务。

比赛的结果，圆谷幸吉只得了第三名。他向所有国民鞠躬道歉，保证在下一次墨西哥奥运会上再创佳绩。事后，他照常训练，但他跑的距离越来越短，越来越面无表情，时间在窃取他的力量，每一步都如同在给他增加负重。

终于有一天，圆谷幸吉没有从家里走出来。当他的家门被用力撬开时，人们发现，圆谷幸吉用刮胡刀片切开了颈动脉，他的运动服仔细地放在地上，而他就躺在自己的马拉松鞋旁边，桌子上放着他亲笔写的遗书：

"父亲，母亲大人：这三天的山药很好吃，柿饼、糯米糕也非常好吃。敏雄哥哥、嫂子：你们的寿司很好吃；岩哥、嫂子：你们的紫苏饭和咸菜好吃极了；喜久造哥哥、嫂子：你们带来的葡萄汁和养命酒非常好喝，我还要感谢你们经常为我洗洗涮涮……"

字字句句，那么地诚实美好，哀动人心。这封遗书里没有丝毫的夸张、虚荣，全是对父母哥嫂平日里点滴恩情的感激，全是对世俗絮絮叨叨的留恋。只是，他在遗书中的最后写了一句："我累了，再也跑不动了。"

读到这句话时，相信你也对圆谷幸吉充满了理解和心疼：他把跑步当成了人生的全部，把名次当成了自我价值的标尺；他努力去满足外界对自己的期待，试图在每一场比赛中都能够成为最出色的跑者。即使身心俱疲，不再有动力，甚至难以忍受，却依然靠着惯性和压力不断苛求自己，而不敢公开地说一句："我累了，我不想再跑了。"

生活中有许多"圆谷幸吉"，只是存在的形式不尽相同：有人把价值标准看得过于单一，要么荣耀加身，要么落寞离场；有人把坚强定义得太过刻板，咬牙挺住是英雄，承认脆弱是懦夫。为了求第一，为了求更好，他们都像圆谷幸吉一样奔跑在路上，不断地向自我发起挑战，时刻都有制定好的计划。上班时忙不停歇，下班后努力充电，休息日还要加班，偶尔也会觉得累，或是情绪烦躁，可依然不敢停下来，似乎只有奔跑才是活着的证明，才是有价值和意义的选择。

有位作家朋友在微信上发过一个问题调查：如果有两套房子，一套自主，一套出租，有30万存款。倘若有孩子的话，就读于公立学校，暂时不需要在教育上花费太多经费，家里老人身体无大碍。在这样的条件下，如果你感觉很累，你敢不敢辞职休息？停下来的期限是多久？不敢停下来的原因是什么？

在回答这一问题的人中，敢停下来的只有1/5，其余的人都表示不敢停下来。由此可见，身处在这个焦虑泛滥的时代，多数人都不敢让自己停下来，因为现实生活的压力摆在眼前。

当身心都处于健康的状态下，一路前行没什么问题；若是身心已透支，却还是苦苦苛求自己，不敢说一句"我累了，需要休息"，咬着牙、硬着头皮往前冲，那不是坚强，而是逞强。有些时候，停比走更难，也更需要勇气，我们敬畏奋斗奔跑的自己，但也要善待一时间脆弱的自己。

07 你的所作所为，
　　　是你当时最好的表现

南溪失恋了。

回想起跟恋人的点点滴滴，她心中有百般的不舍。彼此不再联系的日子，她就像丢了魂一样，整个人萎靡不振，做什么都提不起精神。想跟朋友倾诉，还没开口眼泪就掉下来，满腹的委屈让她无力承受。

分手的原因，男友说是两个人性格不合，可直觉告诉她，事情没这么简单。果不其然，分手以后，她就听别人讲，男友跟另外的一个女孩在一起了。南溪难以接受这个事实，可又知道自己无权去干涉对方，留在她心里的就只剩下一连串的自责和后悔。

相恋的两年里，她总是摆出一副"公主"的姿态，让他哄着、宠着。她想，可能就是因为自己太"作"了，他才离自己而去。今天这一切后果，全是自己酿成的，怪不得任何人。她总在幻想：如果他能回来，她肯定不会像原来那样。

不仅如此，南溪还托人弄来他那个新女友的照片，对比自己和她的不同。这一比较，南溪更加自卑，觉得自己皮肤没人家白、身材没人家好、赚钱好像也没人家多……看到这些，她更是把自己贬到了尘埃里，甚至觉得男友离开自己是"应该"的。她一直埋怨自己：如果早点减肥就好了，如果能多在工作上努力就好了，那样的话，也许他就不会离开。

爱就爱，不爱就不爱，感情之事是没有那么多条条框框的。就算是外在条件再不好的人，也可能拥有一份忠诚而美好的爱情；就算是万里挑一的条件，也可能碰到不爱自己的人。

像南溪这样，把失恋的原因全都归咎于自己，就是一种过度的自责。

过度的自责，是一种向内的自我攻击，超出了我们通常所说的自我批评的范围，而是类似于自责妄想。最明显的表现就是，损害正面的自我评价，过分地贬低自己，毫无根据地认为自己不够好，甚至一无是处，并为此感到敏感、郁闷、沮丧。

要走出自责的陷阱，最重要的是处理好自己的情绪，并能够通过对自我情绪的感知与觉察，更好地认识自己，调整自己，为自己的人生和选择真正地负起责任。

每一段感情都是一次成长，都是一面镜子，让我们在关系中更好地看清自己。

南溪遭遇了失恋，可在伤痛之余，她也应当学会正视自己的问题，比如"依赖感太强""喜欢黏人""用发脾气的方式去获得对方的关注"，究其根源无外乎是缺乏安全感、自我价值感不够。如果这一点不改变，就算再重新爱一次，或是再遇到另外的人，还有可能会重复这样的相处模式。事情本身是不会改变的，只有人变了，它才会变。

一个人能否从过去的行为中汲取经验教训，对于自信的形成极为重要。然而，为过去的事情后悔自责，并不等于从过去汲取经验。汲取经验的意思是，基于你的意识尽可能地承认问题，分析问题，避免再犯相同的错误。不要把宝贵的时间和精力浪费在过度自责上，这种负面情绪只会阻止你改变目前的状态，它会让你的意识停留在过去，无法积极地面对现在。

可能你会问：我要如何原谅自己呢？每每想到，都觉得悔不当初。

有句话，也许值得你铭记于心："你的所作所为都是你当时最好的表现，即使这个'最好'是有过失或不明智的。"你的每一个决定和行为，都基于你当时的意识水平，你不可能超越目前的意识水平，因为它是你理解一切事物的基础。有缺陷的意识，必然会导致一段有缺陷的经历，不久后你就会为自己的行为感到后悔。

我们的行为都是用来满足需求的手段，可能是"明智的"，也可能是"不明智的"，但不能就此判断我们这个人究竟是"好"是"坏"。从本质上来说，每个人都是美好的，但只是在某一时刻基于错误的意识行事而已。

停止过度自责吧，把"责备"变成"负责"，为自己的人生和选择担负起责任，意识到问题本身的存在，用积极的态度去面对，不只糟糕的情绪能够缓解，你的态度、你的习惯，乃至你的人生，也会跟着一起改变。

08　诚实面对内心的感受，
　　　哪怕是恨意

　　网上曾经流传一个视频：一位女士在街头，身后跟着一个小女孩。女士看起来很愤怒，之后竟然对小女孩大打出手。看到这一幕的时候，几乎所有网友都觉得小女孩很可怜，猜测打她的人，多半是她的继母。当视频被曝光后，事实逐渐浮出水面，令人震惊的是，殴打小女孩的人，并不是她的继母，而是她的亲妈。

　　面对这一事实，网友们众说纷纭，概括来讲无外乎就是——
　　·孩子是自己亲生的，怎么能下得去手？
　　·如果不会教养，当初干脆就不要生孩子！
　　·小女孩有这样的妈，怕是得用一辈子去治愈童年了。
　　……

　　我们并不是当事人，也不知道母女二人处在怎样的境遇中，又发生了什么样的问题？更不知道，这位母亲经历了什么，抑或是什么样的状态？尽管我也不认可殴打孩子的行为，可在未知状况如此多的情况下，我无法做出评判。

　　这篇报道倒是让我想起日剧《坡道上的家》，这部影片围绕着一个案件展开：一位名叫安藤水穗的女子，被控告杀死了自己的孩子。所有参与庭审的人员，无论是法官还是国民陪审员，都怀揣着同样的疑问：究竟是怎样的女人会对自己的亲生骨肉痛下杀手？

　　在审理这个案件的过程中，透过其他女性在现实中所经历的生活片段，我们会逐渐意识到，这场悲剧的发生并不是安藤水穗一个人导致的，它的背后隐藏着太多的现实问题：产后抑郁、新手妈妈的焦虑、丧偶式育儿、低自尊等。

事实上，这些问题并不只是发生在安藤水穗一个人身上：剧中的女主角里沙子体验着和安藤水穗类似的境遇，而她无处诉说，因为说出"讨厌听见孩子哭闹""有时会忍不住想打她""要是没生孩子就好了"这样的话，很难得到周围人的理解和共情，招惹来的只有鄙夷和指责；剧中年长的女性们（婆婆或妈妈），也曾经历过那些艰难的带娃时刻，却统统不愿意承认，而是抛出一句"大家都是这样过来的"，不知是在安慰别人，还是在敷衍自己；至于那些没有成为母亲的女性，更是难以理解母亲溺死孩子的行为，认为她不配有孩子。

那么，一个亲生母亲究竟会不会在某一时刻憎恨自己的孩子呢？

美国畅销书作家黛比·福特，曾讲述过这样一件事：在她的心理辅导课上，有个女学员哭着站了起来，说她承受了巨大的痛苦，内心里经常冒出一些糟糕的想法，令她感到无比羞耻。在经过很长时间的探讨与开导后，这个女学员终于承认，她对自己的女儿怀恨在心。当她用细小微弱的声音一遍又一遍地重复"我恨我女儿"这句话时，教室里的其他学员都注视着她，有些人的眼睛里透露出同情，而有些人则流露出厌恶、嫌弃的表情。

黛比·福特跟这个女学员聊了一会儿后，对她说出这样的话："你有这样的想法，并不是不可原谅的，你必须直面自己内心对女儿的恨意。"之后，黛比·福特让在座的、有孩子的学员举手，之后让他们闭上眼睛，回想自己过去是否有对孩子产生恨意的场合？所有举手的学员，几乎都承认，他们至少经历过一次这样的场合。

接下来，黛比·福特让他们发挥想象力，思考这种恨意有可能带来的好处。然后，这些学员陆续说出了一些在此之前从未想到过的东西：可以让我清醒、加深对孩子的爱、彻底地发泄了一下。当然，这并不是重点，重要的是所有人都开始意识到：他们并不能控制自己的感情，尽管他们不愿恨自己的孩子，可有些时候就是会感到恨意。

这时候，那位重复"我恨我女儿"的女学员，恍然意识到，原来自己的情况并不是个案。黛比·福特解释说："我们都需要体验憎恨的感觉，只有理解了恨，才能理解爱。只有当我们刻意压抑心中的恨意时，它才会对我们自己和别人造成伤害。"

经过了一番深谈，那位女学员意识到：她心中的恨意，是她本能的防御机制，可以让她在爱着女儿的同时，又能维持自己的私人空间不受侵犯。虽然这份恨意，曾经给她带来了巨大的痛苦，可也正是它的存在，开启了她检视内心阴影、找回完整自我的大门。

两周以后，那位女学员再次找到黛比·福特，向她反馈自己的收获。原来，她回到家后，决定冒险把自己多年来的真实想法，如实地告诉女儿。没想到，女儿听过后，竟然放声大哭，把自己多年来压抑的感情，以及对母亲的恨意，也都释放了出来。之后，母女二人共进午餐，彼此都感觉和对方的关系亲密了很多。

这对母女的心中，原本都有很多压抑的感情，藏在内心的恨意，被她们故意忽视，总觉得难以启齿，以至于过去在一起相处时，经常争吵。可当这种恨意被承认了，得到排解和释放，她们反倒松了一口气，获得了更融洽、更美好的关系。

在真实的生活中，绝大多数人都有这样的共识：母爱是天然的、为母则刚、没有哪个母亲不爱自己的孩子……仔细剖析会发现，这是一种绝对化的概括，它一直在强化"母亲该有的样子"，却没有考虑"母亲也是一个活生生的人"。这样的一种绝对化要求，让许多成为妈妈的女性不敢正视自己的真实感受，甚至排斥和否认自己有情绪。

其实，有多少母亲是真的憎恨孩子？也许，更贴近真相的是，她们憎恨有了孩子后那个狼狈不堪的自己，怨恨的是生活的艰难与无法摆脱眼前艰难生活的痛苦。当身份角色发生巨变，让你感到手足无措时；当身心疲惫搅乱了安宁，让你变得歇斯底里时；当生活压力重重，让你产生了不好的念头时……这都不是你的错！

感受是真实的，但它并不可耻；念头只是想法，但它不代表行动。生命中不只有光明，阴影也是它的一部分。阴影的存在是为提醒你，你需要好好照顾自己，你需要他人的支持与帮助。压抑阴影，它永远都只是阴影；接纳阴影，去探索它的另一面，就可以疗愈伤痛，点亮生活。只有从容接纳黑暗的人，才有资格享受光明，找寻到弥足珍贵的——爱与力量。

【自我训练】验证不合理的想法+自我同情

在遭遇麻烦和困扰时,我们的情感免疫系统会变得特别脆弱。这个时候,反复在脑海中批判自己,无异于雪上加霜。真正有效的办法是,验证不合理的想法,并尝试自我同情。

第1步:验证不合理的想法

当脑海里冒出一些否定自己的念头,如"我身材不好,不会被人喜欢"时,用提问的方式去验证一下,自己的这些想法是否合理?

1.事实是这样的吗?

(反思:为什么有些胖女孩也有人喜欢?)

2.这个结论成立吗?

(反思:身材不好是否代表一无是处?)

3.这样想有用吗?

(反思:责备自己身材不好,能改变什么?)

如果能够诚实地回答这些问题,就会从僵化的思考中抽离出来,让思维变得开阔,更加理性地看待问题、看待自己。与此同时,还要尝试同情自己,让情感免疫系统得到恢复。

第2步:自我同情

1.描述近期发生的一件事,写出具体情节和自己的感受。

2.想象一下，这件事发生在你的家人或密友身上，他会有何体验？

3.你不希望对方如此痛苦，决定给他/她写一封信，表达你的理解、同情与关心，并让对方知道，他/她值得你这样做。

4.重新描述你对这件事的体验和感受，尽量做到客观，杜绝消极的评判。

这是一件很有挑战性的事，它打破了负性思维模式，中途可能会出现不适或焦虑。但如果能够坚持定期重复，可以有效地提高情绪弹性，减少自我批判，最终让自我同情变成一种自动反应。

第五章

调整关注焦点

注意力在哪里，
能量就被带去哪里

01 我们关注的焦点，
决定着人生的走向

美国心理学家做过这样一个实验：

事先告诉被试者，注意观察视频中打篮球的运动员传了几次球，然后给他们播放打篮球的视频。然而，等视频放完后，心理学家却问了另一个问题：有没有看到球员之间走过了一只大猩猩？

啊！怎么会有大猩猩呢？所有被试者都觉得奇怪，一致表示没有。

可是，当研究人员再次播放视频时，所有被试者都震惊了！打篮球的人群中，竟然真的有一只大猩猩穿过，而他们竟然完全没有注意到，这简直太不可思议了！

看似奇怪的现象，到了心理学家这里，却是再正常不过的事，他们将其称为"选择性注意"。

知觉是一系列组织并解释外界客体和事件的产生的感觉信息的加工过程，但客观事物是多种多样的，在特定时间内，我们只能按照某种需要和目的，主动而有意地选择少数事物作为知觉的对象，或无意识地被某种事物吸引，从而对其他事物做出模糊的反映。

心理学教授经常会给学生们讲《查尔斯大街的故事》，即一位商人、一位医生、一位艺术家于同一时间走过同一条街道，但他们眼中的街道却各不相同。商人看到的是商铺所在位置对于经营的重要性；医生看到的是药店橱窗里摆放的各种药品，以及不懂得调理自身健康而造成身体不适的人群；艺术家看到的是线条、形状和色彩构成的美丽画面。

同样的时间，同样的环境，不同的人却把注意力停留在不同的事物上，看到的景象和内心的感受也截然不同。由此可见，选择性注意会把我们的认知资源集中在特定的刺激或信息源上，同时忽略环境中其他的东西。

看到这里，你是否联想到了生活中的一些问题？或者对某些事情有了全新的看法和见解？

比如，你一直都可以看见自己的鼻子，但你几乎没有刻意关注过这件事，大脑让你无视它；在嘈杂的环境里，你依然可以和朋友聊天，因为你把注意力集中在了对方的声音上，自动屏蔽了周围的噪音……没错，我们所留意到的事物，都是我们想留意的！

情绪是一种能量，它的发生是自然而然的，任何人都无法阻止。但是，我们可以主动调整关注的焦点，有选择地分配注意力，将这一能量投注在不同的地方。

美国前海豹突击队队员埃里克·格雷坦斯在他的著作《适应能力》中写道："我们要无视生活中的很多烦恼，但这并不意味着我们要压制、忽略或否认痛苦。强烈的痛苦需要我们迎难而上。具备适应能力的一个标志，是学会分辨哪些痛苦值得我们关注，哪些不值得。关注所有的痛苦，并不能让我们具备适应能力，那样往往只会导致抱怨。"

对于同一个问题，如果你总是设想各种消极的、负面的结果，就会沉浸在恐惧和焦虑中，自动屏蔽其他的可能性，成为思维的囚徒；若尝试从不同的视角去观察，往往就会看到不一样的情形。我们的关注焦点，很大程度上决定着情绪的状态，也决定着人生的走向。

02　你凝视深渊的时候，
　　　深渊也在凝视你

美国著名的钢索表演艺术家瓦伦达，以精彩而稳健的高超演技闻名，从来没有出过事故。当演技团接到了要为重要客人献技的任务时，瓦伦达就成了第一人选。他深知这次表演的重要性，台下的观众几乎都是美国最知名的人，这次表演成功不仅可以奠定他在演技界的地位，还会给演技团带来前所未有的利益和支持。所以，在演出的前一天他就一直在仔细琢磨，每个动作、每一个细节都想了无数次。

演出开始了。这一次，瓦伦达没有用保险绳，因为许多年来他都没出过错误，他绝对具备这样的能力。可是，意想不到的事情发生了，当他走到绳索中间，才做了两个难度不高的动作后，就从10米高的绳索上摔了下来，当即身亡。

事后，瓦伦达的妻子说："我知道这次一定要出事。他在出前场不停地说，'这次太重要了，不能失败'。以往每次成功的表演，他都只是想着走钢丝这件事，不去管这件事可能带来的一切。瓦伦达他想成功，太专注事情本身，太患得患失了。如果他不去想这么多走钢索以外的事情，以他的经验和技能是不会出事的。"

心理学上有一个"自证预言"，即发出一个预言，为了证明自己是对的，就把注意力集中在符合预言的信息上，并忽略掉那些不符合的。瓦伦达身上发生的悲剧并不是个案，现实中的许多人都曾有过类似的遭遇，只是未牵扯到生命那么极端。

坐在咨询室里的林女士，眼眶红肿，哽咽着诉说她的遭遇和困惑："我不知道做错了什么，让婚姻变成了现在这样，他也变得很陌生。过去出门之前，他都会跟我温情地告别，现在不声不响地就出了家门；他手机收到消息，我一问是谁发来的，他就反应过激；就连夫妻生活也像例行公事，彼此心里都揣着事儿；他总是心神不定……你说，如果不是他有了外遇，怎么会出现这样的情况？"

人们常说，事情往往有三个面：你的一面，我的一面，真相的一面。

林女士述说的是她的一面。后来，在咨询师的建议下，林女士的丈夫也参与了进来，开始述说了他的一面："林的家庭条件不好，婚后全职在家照看孩子，和社会接触得较少；我父母早年经商，家里的物质条件相对好很多。当初两个人在一起，是林先追求的我，但她总是疑神疑鬼的，对我特别不放心。"

经过多次的咨询，事实真相的一面也浮现出来：林女士的丈夫没有外遇，但公司的账目出了一些问题，他不想让林女士担心。至于林女士，她对丈夫的不信任，源自内心的自卑。

在咨询师的帮助下，林女士开始调整自己的认知，认识到婚姻不是交易，双方家境总会存在差别，她要学会看到自己的长处和优势，重建自信。同时，要多丰富自己的生活，不把所有的注意力都放在丈夫身上，让感情有多种寄托，让生活有多个支点。

很多时候，我们认定的事实，可能只是选择性关注的结果。

过分关注负面因素，不仅会影响自身情绪，还会给人际关系带来隔阂，甚至让对方变成自己"所想"的样子，也就是投射性认同，即诱导他人以一种限定的方式来做出反应行为模式。

永远都不要反复琢磨你不愿意发生的事情，当脑海里充盈着那些消极的想法时，得到的往往也不会是什么好的结果。因为消极的想法会加重负面情绪，阻碍你的潜能发挥，让你无法保持客观理性的思考，无法专注地、竭尽全力地去处理眼下的问题。从现在开始，试着把你的注意力引导至那些你想要的、有价值的事物上去，用好的想法和感受来改变自己的生活。

03　留意你对自己说的话，
　　　尤其是负面暗示

英国心理学家哈德·菲尔德曾经做过这样一个试验：

在三种不同的情况下，让三个人用力地握住测力计，以观察抓力的变化。实验结果显示：在清醒的状况下，三个人的平均抓力只有100磅；当他们被催眠后，抓力变成了29磅，仅为正常体力的1/3；当他们得知自己正在被催眠并赋予能量时，他们的平均抓力则达到了140磅！

这个实验告诉我们：内心充满积极的想法时，我们会迸发出更大的力量。遗憾的是，我们并不常向自己传达积极的信息，就像《对自己说什么》一书的作者沙德·黑尔姆施泰特所言："80%或者更多的——你和自我的对话，都是关于你的缺点的。"

法国心理学家埃米尔·库埃在《心理暗示力》一书中，写到朋友弗雷德的一段经历：

那是一个盛夏的夜晚，因公出差的弗雷德在印度新德里的街头闲逛。在一条长街上，他碰到了一位在当地很受敬重的占卜师。出于好奇，弗雷德也请占卜师为自己占了一卦。结果，占卜师告诉他，他得了非常严重的心脏病，已经病入膏肓，半月内就会身亡。

听了占卜师的话，弗雷德吓坏了，他匆匆忙忙地结束了公务，回家"养病"。他打电话给所有的亲戚朋友，一一向他们告别。我也是"被告别"的人之一。我劝解他，不要相信占卜师的话，那是没有科学依据的。可弗雷德听不进去，他对占卜师的预言深信不疑，认定我只是在安慰他。

一向成熟稳重的弗雷德，就像是变了一个人，眼睛里充满了惶恐，变得神志不清了。他知道自己无法与命运抗衡，他在等待"注定"的死亡。

只是，对于死亡这件事，他充满了深深的恐惧，以至于变得越来越焦虑，越来越虚弱，整个人就像是失去了生命的树木，彻底地枯萎了。果然，半个月后，弗雷德真的去世了，且真的是死于心脏病！

难道，占卜师真的有未卜先知的能力吗？他真的能够知晓他人的生命轨迹？当然不是！那个占卜师没有任何超乎想象的魔力，弗雷德的死并不是什么命中注定，杀死他的人正是他自己！

那个占卜师在当地很有声望，许多人都相信他，所以当他对弗雷德做出"死亡预言"的时候，弗雷德并没有怀疑和抗拒，很容易就选择了相信，并将这一消息传递给自己的潜意识。潜意识"信以为真"，做出了一系列消极的反应，促使着弗雷德与亲人告别，为自己准备后事，深信自己半个月后会死于心脏病。结果，这个死亡预言就真的应验了。

当一个人被消极的暗示支配时，他对于事物的解释永远都是消极的，并总能给自己找到沮丧、抱怨的借口，最终得到消极的结果。紧接着，这种消极的结果又会逆向强化他的消极情绪，让他成为更加消极的人。

消极暗示对自我评价有着巨大的影响，甚至有时会让我们相信一些虚假的评价。如果你总是对自己说"我不行""我做不到""我太蠢了"，你的脑海就会被这个预言紧紧包围，阻止你去做积极的尝试，结果往往就真的演变成你想的那样。事实上，在多数情况下，我们并不像自己想象中那样糟糕。我们需要改善的是与自己对话的内容，把消极的暗示换成传达积极的信息。

所有能够激励我们思考和行动的语言，都可以成为自我提示语。当我们经常运用这些词的时候，它们会成为自我信念的一部分，潜意识也会映射到意识中来，让我们用积极的心态来指导思想、操控行为。

比如：在接手一项新的任务或挑战时，你可以用积极的暗示给自己信心，减少畏难情绪：

——"只要多收集一些资料，我肯定能找到解决问题的办法。"

——"这任务有点儿难，但也是一个挑战自我的机会，我要尝试一下！"

——"我控制过比现在更糟糕的局势,有什么可担忧的呢?"

在行动过程中,也要及时地给予自己积极暗示,让自己更有信心完成剩余的工作,并明晰完成任务后能获得的益处。当一切都变得很积极、很明朗时,自然就可以减少负面的情绪。

04　创造心流状态，
　　　让身心停驻在此刻

当我们感到焦虑不安时，内心会失去平衡，头脑会变得混乱，情绪更是一落千丈。在尚未知晓确定的答案，或是找到有效的解决办法之前，会因胡思乱想消耗巨大的精神能量。

焦虑大多是指向未来的，未知与不确定性会让安全感急速下降，但这种担忧又是无用的，改变不了任何问题。要缓解焦虑，不如把注意力拉回来，做一些力所能及的、有意义的事，创造心流状态，让身心停驻在当下。

心流状态，是积极心理学奠基人米哈里契克森·米哈赖提出的一个经典心理学概念，指的是我们在做某件事情时，那种投入忘我的状态："你感觉自己完完全全在为这件事情本身而努力，就连自身也都因此显得很遥远。时光飞逝，你觉得自己的每一个动作、想法都如行云流水一般发生、发展。你觉得自己全神贯注，所有的能力被发挥到极致。"

米哈赖在2004年的TED演讲《心流，幸福的秘诀》中，把人们对于"心流"的感受做了一个归纳，指出7个明显的特征。

○ 特征1：完全沉浸，全神贯注于自己正在做的事情中。
○ 特征2：感到喜悦，脱离日常现实，感受到喜悦的状态。
○ 特征3：内心清晰，知道接下来该做什么，怎样把它做得更好。
○ 特征4：力所能及，自己的技术和能力跟所做的事情完全匹配。
○ 特征5：宁静安详，没有任何私心杂念，进入忘我的境地。
○ 特征6：时光飞逝，感受不到时间的存在，任它不知不觉地流逝。
○ 特征7：内在动力，沉浸在对所做之事的喜爱中，不追问结果。

好的心流体验是有条件的，如果个人能力低于做一件事情所需要的能力，就会觉得太难了，并因畏难而感到焦虑；如果个人能力高于这件事情所需要的能力，又会觉得太简单了，感到无聊。想要创造好的心流体验，需要所从事的活动具有挑战性，且必须涉及复杂的技能。只有这样的事情，才能在执行中让人忘却焦虑，在完成后带来踏实与满足。

至于打游戏、追剧、聊天、刷小视频等活动，虽然这些事情也能让人沉浸其中，无须调动自控力就完完全全被吸引，进入忘我的境地，并产生愉悦感。可是，在做完这些事情后，空虚和愧疚就会取代愉悦感，让人感觉毫无意义，一想到时间都被荒废了，便会更加焦虑不安。

05　多去觉知美好的事物，摆脱时间焦虑

下面的生活情景，是否让你产生了似曾相识之感？

担心上班迟到，从早上开始就死盯着手表不放，恨不得立刻就出现在办公室里；偶尔一天工作进度慢了，内心就开始焦虑，恨不得把吃饭、睡觉的时间都搭进去，赶紧把工作补上；若是哪天被堵在了上班路上，心里就开始担忧：老板会不会怀疑我的工作态度？总而言之，心里时刻都在为了时间焦虑，不断地问自己是否还来得及？这样算不算浪费时间？

如果真是这样，那你可能要关注一下时间焦虑症了，这是一种因为对时间的反应过于关注而产生的情绪波动、生理变化现象。

许多职场人愈发感觉时间不够用，做事匆匆忙忙，不喜欢无所事事，如果有一段时间什么都没做，就感觉自己在浪费生命，产生严重的罪恶感。更有甚者，会因为花费一两个小时散步、看电影而觉得浪费生命，非要在事后把这个时间用工作弥补上，才觉得心安。

赵小姐就是一个严重的时间焦虑症患者。在职场打拼十余年，她每天都活在对时间的焦虑中："我真的不知道该怎么调节这种焦虑感，特别是节假日的时候。虽然处在假期里，可我不能允许自己浪费时间，每天都要追问自己，是不是对时间进行了充分的安排？总觉得必须要有事情做，哪怕是钓鱼、爬山、购物，就是不能让时间闲着，必须要充实才觉得没有浪费假期。可说实话，这样的安排也没有让我多高兴，只是图一个心安。"

对于自己的时间焦虑症，赵小姐自己也有意识，且做过一些努力。

她说："当我发现自己内心不安时，我会告诉自己，别那么苛刻，要懂得享受生活，偷懒一下没什么关系。但这种自我安慰的效果只是一时的，

很快我又会为无所事事感到焦虑。这种矛盾让我很痛苦，左右为难，纠结得很。"

赵小姐对时间的焦虑，最根本的原因在于对人生价值的追求，她总觉得必须充分利用每一分钟才有意义，否则的话，就是虚度人生。传统的教育告诉我们，浪费时间是可耻的，但这种观念是有特指的——在应该认真做事的时候，要充分利用每一分钟，由此才能获得高效。

生活需要的是品质，所谓品质就是要把时间放在觉知美好上，去感受时光的流动，而不是去盲目地追赶时间。想摆脱对时间的焦虑，就要清楚每一件事情存在的意义，以及自己当下最需要的是什么，如何做出最有利于自己的抉择。

如果你最近感觉很累，那么睡觉的时间就是重要的，它能够帮你恢复体力，更好地应对工作；如果你最近压力很大，那么请假出游几天，回归大自然，是比较合适的选择，这不是浪费时间，是劳逸结合，舒缓情绪。只要有目的地去利用时间，无论是睡觉、郊游、看电影、健身，这些时间都是有意义的。明白了时间的意义，才不会每天担忧自己在浪费时间。

如果总觉得时间不够用，那也要思考一下：是不是自己想要的太多了？时间有限，而想做的事越来越多，可分配的时间自然就少了。问问自己：真的需要做这么多事情吗？有时候，我们想做的并不一定是内心真实需要的，也可能是攀比的心理在作祟。

别人都在追风去做的事情，未必真的适合你，你本以为到海边吹风很享受，结果却被嘈杂的人群弄得很烦心；你以为去日本体验温泉会很舒服，结果发现还不如躺在自家的浴缸里卫生。

清醒地认识自己至关重要，我们每天忙忙碌碌，为的不是成为别人，也不是要改变世界，而是要用自己最擅长、最舒服的方式活在世上，成为自己生命的主宰者。

06 每天5分钟，
让冥想成为一种生活方式

身在这个压力重重的时代，我们无法彻底逃离纷繁复杂的世事，但我们有选择的权利，存留对自己有益的消息，过滤那些无用的消息。当我们了解到了深呼吸对于身体和精神的益处，并逐渐将这种呼吸方式养成习惯后，还可以做一个深度的放松、休息训练——冥想。

脑科学家们进行过一个实验：受试者有两组人，一组人经常做冥想，另一组人从来不做冥想。两组人同时接上功能性磁共振设备，实时观测他们的大脑活动变化。在受试者毫无防备的情况下，实验人员突然用火燎了一下他们的腿部，所有人都因惊吓发出了尖叫声。

接下来，情况开始发生变化：那组不做冥想的受试者，大脑中的"杏仁核"区域在之后很长一段时间里依旧活动剧烈，经历着强烈的情感波动，完全沉浸在对疼痛的恼怒和提防中，持续很久才消失。相反，经常做冥想练习的那组受试者，在发出尖叫声之后，情绪很快就恢复了平静。被火燎的那一刻过去后，他们就把那个瞬间彻底"放下"了。

心理是脑的机能，脑是心理的器官。我们在进行理性判断和自主选择时，主要依靠大脑的前额叶皮质，这个区域十分关键。相关研究发现，长期进行冥想训练的人，大脑前额叶皮质中的灰质增加了。换而言之，通过冥想训练，有可能获得更发达的前额叶皮质，从而让人更好地控制自己的情绪和选择。冥想的一呼一吸，也可以刺激副交感神经，帮助我们释放压力，调整状态。

在碎片化信息泛滥的时代，每天睁开眼，就会看到、听到大量的社会性新闻。这些繁杂的信息，有正向的也有负向的，让我们的思绪忍不住跟着一起缠绕；再加上消耗心力体力的工作，麻烦不断的人际关系，大脑真是不堪重负。就算熬到了周末，睡一上午的懒觉，依然觉得疲乏。

面对这样的状况，我们很有必要把冥想列入日清单之中，它可以帮助我们回到当下，集中意识，提升注意力和创造力。不需要花费太多的时间，每天只要5分钟，就可以帮助我们的体能、思维和情感平复下来。

那么，冥想具体该怎么做呢？这里推荐两个简单好用的冥想法。

方法1：盘腿静坐冥想法

第1步：找到一处安静的、不受干扰的地方，盘腿静坐，双手自然垂放在两个膝盖上。

第2步：闭上眼睛，把全身的精力集中在呼吸上。

第3步：用腹部呼吸，深深地吸气，腹部内收。

第4步：吸到最大，屏气。

第5步：缓缓呼气，腹部外松。

第6步：呼出全部，屏气。

在冥想的过程中，如果注意力忽然不集中了，大脑冒出其他的想法，没关系，不用着急或回避，承认这个想法，再把它放走，意识始终关注于呼吸。不用限制一呼一吸的时长，尽自己最大的可能。长期坚持，专注力和注意力都会得到明显的提升。

方法2：数呼吸冥想法

把全部的注意力都集中在呼吸的过程中。

吸气，想象一股美好的气流，缓慢地从鼻腔进入自己的身体，给自己带来舒适的感觉。

吐气，想象一股不好的废气，缓慢地从鼻腔离开自己的身体，让身心得到净化。

完成上述的吸气吐气过程，可以在心里记一个数，从1数到10。然后，再重新开始，根据自己的实际情况完成几个循环。

冥想，可以让我们专注地沉浸于当下。任何处于专注状态下的人都是平静的，而在平静的状态下能量是不会耗散的。如果白天的环境比较嘈杂，可以在每天睡前进行5分钟的冥想，让自己卸掉一整天的疲惫，平心静气地开启睡眠模式。

【自我训练】正念饮食，静下心来吃饭

哈佛大学的研究者通过iPhone手机上的一个应用追踪了2250名成年人，在每天的不同时段询问他们："此时此刻你所想的事情，是否与你此时此刻所做的事情不一样？"研究发现，当人们心中所想的事情和当前所发生的事情不一样时，人们容易感到闷闷不乐。

这使我不禁想到了"禅"：弟子询问师傅，究竟什么是禅？师傅只说了一句话：吃饭时吃饭，睡觉时睡觉。看似简单至极的一句话，却是禅意十足。当一个人完全投入到当下的事情中去时，不管这个事情多么简单卑微，都能够感受到无穷的乐趣，这就是正念的力量。

正念是一种聚焦于当下、灵活且不带有评判的觉察。如果你觉得每天抽出5分钟冥想依旧很难做到，那么在一日三餐中践行正念饮食，应该很容易做到了。所谓正念饮食，就是静下心来好好地吃一顿饭，充分关注自己的食物、渴望以及用餐时的身体感受，至关重要。

那么，正念饮食都包括什么，又该如何来实践呢？

1. 仪式

所谓仪式，就是引导自己的意念安静下来，可以专注做一件事情的特别的动作。饭前认真洗手，放一段轻柔的音乐，拍一张精美的照片……只要是为了好好吃饭而进行的准备，都可以成为一种自然而然的仪式感。

2. 专注

一心一意地吃饭，不看电视，不看手机，不思考工作，放下所有的杂念，把当下这一刻的心理、情感以及身体上的状况，与意念融为一体，即所想和所做达成统一。如果吃饭的同时做其他事情或是心不在焉，就无法充分感受吃饭这件事带来的满足感和愉悦感。

3. 慢食

无论身在何处，与谁一起，都要记得放慢吃饭的速度。大脑和胃需要花费20分钟的时间，才能够就饱腹感达成一致。如果进食的速度过快，往往在感觉饱的那一刻，已经吃掉了过量的食物。放慢速度，可以观察到自己生理上的饥饿程度，且只有在真正感到饥饿的时候，再继续进食。

4. 细品

吃东西本身是值得享受的一件事，要细心去品尝不同食物的味道，让每一份入口的食物，都能在味蕾中停留，散发出绵长的满足感。就如最寻常的米饭，你能否在吃第一口饭的时候，触到它的温度，嗅到它的香味，感受到它的软硬度，以及米饭本身的香甜味道？

5. 半饱

身体和心灵都需要"留白"，不能占得太满。所以，吃饭吃到七八分饱就可以，太少了会饿，太多了会撑，胃里感到舒服，心里也会感觉平静。

6. 清淡

清淡，是指在膳食平衡、营养合理的前提下，口味偏于清淡的饮食方式：减少炒、爆、煎、炸、烤，尽量选择清蒸、白煮、凉拌等，少加调料，让所有的食材都保持最本真的风味，保留最大的营养价值，降低脾胃消化的消耗。这样的饮食，更能给人带来祥和、宁静和健康。

习惯是大脑为了节省能量而设置的一个程序，很多事情做得多了，大脑就会认为是理所当然的。要培养正念饮食的习惯，也需要花费时间和心思进行刻意练习。最开始的时候，你可以每天选择一顿饭，去练习正念饮食。待自己进入状态，找到了感觉，再慢慢增加正念饮食的频率。

第六章

合理表达情绪

学会表达情绪,
而不是情绪化表达

01　允许自己和身边人有负面情绪

很多人在描述自己的情绪时，就像是在描述一件陌生的东西，或是尽量想剥离情绪和自己的联系，他们可能会这样说："不是我脾气大，爱生气，是你做得太过分"；更有甚者认为，只有理性的自己才是自己，而情绪是魔鬼附在了自己身上。

无论哪一种情况，都是在拒绝承认情绪出现或出现过，这种消极的对抗情绪，恰恰阻碍了情绪调节的发生。换句话说，你想要调节情绪，先得承认情绪——"我确实有点愤怒""我正陷入焦虑中"，而不是忍着或逃避。

我们可以做这样一个假设：有一对夫妻，丈夫在家很少做家务，对于这件事，妻子是很不满的。只是，结婚六七年，妻子一直没有工作，都是丈夫在赚钱养家。实际上，在家里照顾孩子、做家务，也是很辛苦的事，她心里有委屈，却一直忍着不说。

有时候，丈夫会邀请朋友过来玩，招待客人做一桌子的饭菜，事后还要收拾残局。妻子并不喜欢这样，每次做饭就已经很累了，收拾厨房也得花费1个多小时的工夫，期间还要饱受孩子的不断"侵扰"。

妻子是一个习惯隐忍的人，很少发脾气，这些事情她就默默地承受了。一次可以，两次可以，可天长日久，她也烦了。渐渐地，她开始变得不爱说话，经常打不起精神，觉得日子过得没意思。丈夫看到她这副模样，也很不理解：没有人招惹你，你为什么每天无精打采？待在死气沉沉的家里，谁受得了？

结果可想而知，两个人相互不理解，关系慢慢变淡，甚至闹得不欢而散。

每个人的内心都有一座城堡，我们理所当然地把自己视为国王，希望身边的每一个人都围绕着我们转，听我们的话，服从我们的意志。但生活不是童话，我们把自己当成国王，其他人也一样把自己视为内心世界的国王。在绝大多数时候，别人都不可能顺着我们的意愿来行事。对于这样的情况，我们的感受往往是——"他人"即是地狱：是你给我制造了烦恼，给我带来了痛苦。

面对这样的情形，怎样处理才是最恰当的？或者说，如何让他人不再成为"地狱"？

答案，依旧是指向自己的，即把心里的"地狱"化解掉，承认自己是一个有情绪的人，同时也承认别人是一个有情绪的人。你渴望舒服地做自己的愿望，别人也有这样的愿望，只有承认情绪的存在，才可能与自己的情绪、与他人的情绪握手言和。

在玩具店里经常会看到这样的情况：家长不给小孩买某款玩具，孩子就开始哭。这个时候，父母会觉得孩子不懂事，引起围观，遭到评议，然后就训斥孩子，指责孩子没出息。遭到了批评的孩子，非但没有变得听话，反而哭得更严重。

小孩喜欢玩具是天性，如果孩子到了玩具店，看到每个喜欢的玩具都压抑着自己，装作不喜欢，当父母要买给他的时候，他也忍住说："不，我不要，谢谢。"这样的小孩，还是小孩吗？面对这样的孩子，你不觉得心疼吗？

要承认自己和他人都是有情绪的人，不妨蹲下来跟孩子沟通："妈妈看得出来，你很喜欢这个玩具，对吗？"对此，孩子一定会点头承认。你可以继续与他沟通，"不同意给你买这个玩具，你心里不开心，有点难过，对吗？"

多数时候，孩子听到这句话，会委屈得掉眼泪，因为他的难过和委屈被共情到了。然后，你可以再向孩子表达你的情绪："妈妈理解你，但你刚刚的行为，也让妈妈不太开心。我不同意买玩具，是因为……你能理解妈妈吗？"当你能心平气和地接受孩子的情绪，并且把自己的感受和原因告诉孩子，往往就能把问题处理掉，既不让自己带着愤怒，也不让孩子受到委屈和伤害。

下一次，再碰到自己的情绪或他人的情绪时，希望你也可以勇敢地承认它。承认，本身就已经是在接纳了，因为容忍和逃避的底层逻辑是——"我不想它对我的生活造成影响，我讨厌它，我不该这样"，或者是"你不该这样对我，我讨厌你这个样子"；而接纳的底层逻辑是——"我有些难过，但没关系，我理解它的出现，也能接受它伴随我一段时间。毕竟，我也是一个普通人……"

你感受到了吗？承认的背后，是一种对真实自我的善待，也是对他人的包容，这里面饱含着爱与信任，这是生命中最有力量、最为宝贵的东西。

02　沟通要在"原生情绪"层面上进行

很多时候,我们会掉进"虚假共识效应"的陷阱,即:认为自己和他人活在同一个世界里,只是看问题的角度不同而已。然而,德国心理学教授彼得·迈克尔·巴克博士告诉我们,每个人都活在自己的世界里,有着各自不同的目标和需求,只是偶尔在一个共同的点上相聚而已。

惠子从单位回到家后,整个人都有一种要散架的感觉。看到丈夫坐在沙发上玩手机,她懒得言语,无精打采地走进厨房,开始准备晚饭。当锅里的油变热后,丈夫走到惠子的背后,笑着说:"今天,我们单位……"话还没有说完,惠子就大吼了一声:"走开!没看见灶上坐着锅吗?"丈夫被泼了一盆冷水,想要问问发生了什么情况,看到惠子一脸的不悦,悻悻地走出了厨房。

这时,惠子在厨房重重地摔盘扔碗,看到丈夫朝客厅走去,又扔出一句:"就知道等着吃,什么活儿也看不见。"丈夫觉得惠子没事找事,简直不可理喻。两个人就这样吵了起来。最后,丈夫穿上衣服摔门而去,惠子坐在沙发上抹眼泪。

其实,惠子平日挺喜欢下厨做饭的,这一次真的是因为太累了。可是,习惯做"好好太太"的她,不会一进家门就说:"累死我了,饿坏我了,老公你做饭吧。"她隐忍着继续扮演那个贤淑的主妇角色,压抑着自己内心的不满情绪,可最终那股怨气还是跑了出来。

情绪有两个维度,即情绪感受和情绪表达。前者就是我们内心真实的感受,后者就是我们表现出来的情绪。两者之间的差别越大,对我们身心能量的消耗就越大。

惠子真实的情绪感受是"累",但她在大部分的时间里都选择了"忍",没有把这种情绪表达出来。她希望自己不说出来,丈夫也能看见,但每一次都没能实现。就这样,一次次的情绪积压,逐渐让她感到透支,力不从心。

无论在哪一种关系中,我们都渴望被看见、被理解,但有时之所以不能如愿,碍于两方面的原因:第一,我们没有把情绪背后隐藏的真实需求和感受,清晰地传达给对方;第二,对方没有足够的觉察力,透过我们直观的言行看见深层的需要。所以,无论是想被他人理解,还是去理解他人,都应当透过表象看本质,探寻到情绪背后的真实需求。

说到这里,我们有必要来阐述一下"原生情绪"和"派生情绪"的问题。

1. 原生情绪

按照德国家庭治疗大师海灵格所说,原生情绪即事件发生最初产生的、最自然的感受,往往很短暂,生起自如,一点都不夸张。如果能够让它自然地流动和表达,它会自然终结。

当亲人离世时,我们会难过,会痛苦。当我们允许自己哭泣,允许这种情绪流动时,很快就能够完成最终的分离。原生情绪是很短暂的,有它服务的目的。

2. 派生情绪

派生情绪,往往是为了逃避原生情绪而发展出的种种感受,带着压抑的病态表现,比较夸张。它会让我们感到弱小、产生抱怨,表达出来后会让问题变得更糟。

许多伴侣或夫妻,之所以闹得关系紧张,就是因为彼此都没有在原生情绪上做沟通,而是在派生情绪上对峙,根本没有觉察到对方派生情绪背后的真实需求。

就像惠子和丈夫的这一场争吵，原本是可以避免的。如果惠子把"就知道吃"这句话，换成"我今天累了，你能帮我一起做饭吗"，丈夫就会知道，惠子不是在冲他发脾气，她之所以打断他的话，是因为她感到疲惫，希望赶紧做好饭，能够休息一下。

想要摆脱情绪化表达，就要透过表面的行为和派生情绪，看到深藏于心的恐惧和痛苦。只有说出真实的情绪与感受，对方才能回馈给你真正需要的东西。一旦原生情绪得到了安抚，那些衍生出来的愤怒、焦虑，也就无处遁形了。

至于如何正确表达情绪，这里有一个简单的步骤，希望能给大家带来一点帮助：

第1步：精确而简单地把你的情绪描述出来。

第2步：把指责换成询问，了解对方为什么要这样说、这样做？给对方解释的机会。

第3步：把对方给出的解释，和自己的推测进行比较。

第4步：再表达一次自己的情绪。

对任何人而言，情绪都像发烧、咳嗽一样，它只是症状，我们不能只试图消灭症状，还要找寻症状背后的原因，对症下药。这样才能够让真实的情绪流动起来，让真实的需求被身边的人看到，给理解一个有效的切入口，避免陷在派生情绪中争执不休。

03 高敏感的人，
　　怎么说出内心的挣扎？

　　对于性格外向、擅长交往的人来说，在聚会上端着香槟聊聊天是一件很轻松的事，这能给他们带来能量。可是对麦克来说，站在人群中，尴尬地端着香槟，不晓得能与谁进行深度交流，这样的场合只会让他感到疲惫。

　　麦克的疲惫不只出现在职场与社交场合，有时在家里他也感到烦闷和压抑。如果哪天他没有承担家务，帮忙照顾孩子，妻子就会吵闹，言语中带着强烈的怨气。这样的刺激，让麦克的神经系统失去了平衡，为了避免这一切，他总是默默地多做家务，但心里却很压抑。

　　只有每天到楼下停车的那几分钟，他才能找到片刻的宁静，但时间太过短暂。他渴望有足够的时间和空间来独处，可在妻子看来，那是不负责任的表现，作为丈夫和父亲，他理应在休息时做家务、陪孩子，这才是最重要的。他不想破坏关系，只好委屈自己。

　　麦克的身上带有高敏感的人格特质，对这类型的人来说，如果伴侣是一个外向活泼的人，同时又能够理解和尊重自己的性格特质，这样的结合会带来很多优势。比如，伴侣可以带孩子去游乐园玩，去商场逛，参加各种热闹的活动，留给高敏感者独处的空间。但是，如果妻子无法理他的个性特质，在一起相处就容易出现摩擦和矛盾，令彼此感到身心疲惫。

　　面对这样的情形，高敏感的人往往会选择"委曲求全"。以麦克为例，他明明很需要独处的空间，却在告别职场的喧嚣后，选择在家承担更多的家务，以免妻子抱怨。

　　我们都知道，伪装真实的感受需要耗费大量的精力，也无法真正地解决问题。这就好比，不开心的时候也可以面带微笑，或是出于礼貌，或是出于无奈。然而，微笑不是发自内心的，长时间地伪装只会让脸部的肌肉变得僵硬，让压抑和烦躁倍增。

为什么高敏感者要选择"委曲求全"呢？

究其根源，是因为高敏感的人很容易出现不合时宜的良心不安，倘若无法成为完美的丈夫、妻子或父母，他们会感到自责！于是，就试图变成身边人想看到的样子，由此来避免良心不安。可惜，这么做是徒劳的，只会陷入恶性循环，最终让高敏感者精疲力尽，彻底丧失自我。

那么，高敏感者该如何解决这一困惑呢？

丹麦心理治疗师伊尔斯·桑德在《高敏感是种天赋》一书中指出："如果你有足够的勇气告诉他人，你很容易疲惫，虽然你很享受跟他们在一起的时光，但是长时间相处后短暂的休息也是好的，那么你离成功适应自己的敏感型人格不远了。"

任何一段关系都可能会出现矛盾冲突，逃避解决不了问题；与其苦苦伪装真实的感受，不如将内心的挣扎说出来，让对方知晓自己的感受，而后在相互尊重的基础上达成妥协，弄清楚在有人感到不满的情况下该怎样相处？

伊尔斯·桑德在丹麦编写了一份调查问卷，邀请45位高敏感者来做答。该问卷中提到，当生气时你希望亲友如何回应你？答案不尽相同，但也存在一些共性，伊尔斯·桑德将其制作成一份指南，送给高敏感者的亲友。现在，我们一起来看看这份指南，希望它也能够给高敏感的朋友带去一点启发和帮助。

1.不要大吵大叫，那样我会感到震惊，充满恐惧，听不进你说的话。

2.如果你的表达方式太激烈，事后我可能会原谅你，但在当时我会很害怕，未来几天都心神不宁。就算最后事情圆满解决了，你觉得把话说清楚是好事，我也会因为这样的处理方式而受到伤害。

3.冷静地告诉我，你为什么会生气？你希望我做些什么？听完后，我会努力地配合，尽可能地理解你的感受，并尽力找出彼此都可以接受的解决方案。

4.当我生气的时候，请给我一点时间，我需要找到内心的安宁——在找到它之前，我可能会先疏远你一段时间。你可能会迅速地厘清问题，但我需要很长时间思考并组织语言。

5.当我向你解释是怎么回事的时候，请你保持冷静。如果你打断我，或者做出愤怒的回应，我会全身僵硬、张口结舌。如果我觉得你没认真听，就无法集中精力说完。一旦思路被打断，我会失去把话说完的动力，会感觉精疲力尽。

6.请理解，这样的情况会让我感到不安，我需要得到你的理解。

以上是伊尔斯·桑德总结的一份指南，你也可以根据自己的实际情况，列出不同情境下与伴侣或其他人的一份"心愿清单"，坦白地说出你内心的挣扎，比如：

——"我也很想跟你多待会儿，但我实在有些累了，如果我现在不回去休息，明天我可能没有足够的精力来应对工作。"

——"我现在有点累，没办法在我们交流的过程中集中注意力。我希望自己待一会儿，稍后再跟你沟通这个问题。"

——"我希望每周能够拥有一天独处的时间来恢复精力，以便更好地陪伴家人、处理家务。"

——"我非常高兴你邀请我，可惜我不太适合参加聚会，因为我特别敏感。"

——"＿＿＿＿＿＿＿＿＿＿＿＿＿＿＿＿＿＿＿＿＿＿＿＿"

——"＿＿＿＿＿＿＿＿＿＿＿＿＿＿＿＿＿＿＿＿＿＿＿＿"

——"＿＿＿＿＿＿＿＿＿＿＿＿＿＿＿＿＿＿＿＿＿＿＿＿"

04 孩子犯了错，先别急着大吼大叫

对当代成年人来说，尤其是为人父母者，管教子女绝对是耗损精力的第一大事。更有意思的是，对孩子越上心的父母，情绪上的波动越明显，对孩子犯错的容忍度也越低，动不动就会来一场情绪"大爆炸"，既伤害了孩子，也消耗了自己。

安盈家里有两个男宝，大宝上小学三年级，二宝刚满4岁。安盈在社区上班，每天要处理一堆繁琐的事务，协助社区里的居民解决实际问题，在沟通的过程中免不了要受一些委屈。这份工作已经损耗了她一大半的心力，回到家后还要辅导大宝的功课，偏偏大宝又贪玩、做事拖拉，结果就引发了安盈的情绪失控，冲着大宝嘶吼，急了还会推搡他几下。

毕竟是自己的亲生骨肉，看着大宝挂着眼泪写作业的样子，冷静下来的安盈心里也不是滋味，总觉得对不起孩子。因为她知道，这些情绪并不都是冲着大宝来的，就如一句话所言："我们对生活勃然大怒，却转身吼向了自己的孩子。"内心的感受是复杂的、矛盾的，可下一次遇到类似的情况，安盈又会重蹈覆辙，陷入一个死循环中。

白天处理工作，晚上照料孩子，大量的负面情绪充斥在安盈的心里，几乎要把她的精力消磨殆尽。工作是不能放弃的，安盈目前迫切地想要扭转的就是亲子关系，希望能在孩子出现行为问题时，自己可以控制住脾气，做一个"理性妈妈"。

对于安盈所遇到的问题，我们必须澄清一点：父母对孩子发脾气，绝大多数时候并不是因为孩子做错了什么，即便是孩子真的出现了一些行为上的偏差，那也是成年的必经之路。真正的原因在于，父母是在借由孩子发泄自己在工作、社交等方面的压力，而孩子身上的那些问题，不过是父母发脾气的导火索罢了。

教育家、儿童精神病学家丹尼尔·西格尔在《去情绪化管教》一书中提到：当父母沉浸在自己的情绪中时很难共情孩子，更多的是向孩子施压，让孩子在哭泣和难过中遵从父母的意愿。然而，这真的是管教吗？不，管教的实质，不是吼叫或训斥，而是"教"。

我们该教孩子什么呢？

第一，做正确的；第二，培养自控力与道德判断能力。实现这两个管教目的的途径，是在充满爱与尊重的前提下，设立清晰一致的行为界限。简而言之，就是情感连接与理性引导。

只有父母不带情绪地去面对孩子，才能设身处地地理解孩子，减少矛盾和冲突，与孩子建立情感连接；也只有让孩子感受到，我们所做的每一件事都是从爱和关心的角度出发，并让他们切身地感受到这一点，才有可能让他们发自内心地认同并接受教诲与建议。

但情感连接并不意味着放任与纵容，而是要对行为设定明晰的界限，让他们清楚地知道：什么是对的，什么是错的；什么事可以做，什么事不能做。这样做的目的，是让他们在未来的生活中可以独立地解决问题，找到预见性和安全感。

关于理性引导，这里也介绍一些切实可行的方法。

1. 就事论事，不要习惯性地责备

孩子犯错后，指出来是必要的，但切记就事论事，冷静地看待问题的产生。哪怕孩子之前也犯过类似的错误，也不要上来就责备，没有了解清楚就认为是孩子错了，甚至上升到人格攻击，这是不可取的，对孩子来说也不公平。

2. 保持客观的态度，围绕问题找解决办法

没有人愿意听长篇大论，也没有人喜欢被唠叨，父母的苦口婆心不过

是一厢情愿地"为你好",也是无谓的身心消耗,孩子根本听不进去。出现问题,要保持客观的态度,围绕问题本身去找解决办法,这样也能让孩子冷静地思考自身存在的问题,找到解决的途径。

3. 用有条件的肯定,表达反对的意思

如果你必须要拒绝孩子的某一项请求,一定要重视说"不"的方式,直截了当地回绝,过于强硬,让人难以接受。如果是处在叛逆期的孩子,很可能会因此而引发亲子间的争吵与冲突。拒绝可以,请注意表达的方式。

4. 情绪爆炸之前,做好扪心三问

情绪这个东西,有时很难依靠自制力来控制,如果在管教孩子的过程中感受到了自己的负面情绪开始涌动,可以借由十秒钟的时间,问自己3个问题:

1. 孩子为什么要这样做?
2. 我希望让孩子明白什么道理?
3. 我应该怎么对孩子说?

当你开始思考"孩子为什么要这样做"时,你就已经开始尝试站在孩子的视角去想问题了,这是共情的基础。当你知道自己想要做什么,并想清楚用什么方式去做时,就避免了伤人的口不择言,以及无效的嘶吼。想清楚这三件事,管教孩子的问题基本上就迎刃而解了。

保持正向的沟通,是激发积极情感的源泉。当你对身边的人施加的是正面情绪,他感受到的是爱与尊重,回馈给你的结果自然也更倾向于好的一面。倘若每一次遇到问题都能心平气和地解决,那么管教子女就不再是对身心的消耗了,而是转向成为一种身心的滋养。

05 培养共情能力，构建深度的关系

周六傍晚，陈怡和男友开车去附近的麦当劳餐厅。由于餐厅的车位紧张，他们就把车停在了对面的一处停车场。停好车后，陈怡想到50米远的一处甜品店买点东西，再步行去麦当劳。这时，男友提出想去卫生间，结果就发生了下面的一幕：

男友："我想去卫生间。"

陈怡："咱们先去一趟甜品店，几分钟就好。"

男友："我说了，我想去卫生间！"

陈怡："一会儿就买完，省得回来再跑一趟了。"

男友："愿意去，你自己去吧！"

说完，男友径直朝着麦当劳的方向走去，俨然是生气了。

为什么男友如此生气呢？每次陈怡提出想要去卫生间的时候，无论是开车在路上，还是在其他什么地方，他都会第一时间考虑到陈怡的需求，除非特殊原因无法实现，否则绝不会让她忍着。可是，轮到他想去卫生间时，陈怡却没有给予共情式的回应。

为什么陈怡非要去甜品店呢？出门之前，男友提到想吃曲奇和泡芙，她希望先买一些甜品再去麦当劳，这样既顺路又可以吃到喜欢的食物。没成想，男友非但不理解，还发了脾气。

面对这样的情形，如果你是陈怡的话，你会选择怎么处理呢？

——"就这么点事，至于发这么大脾气吗？"

——"生气就生气吧，我还一肚子委屈呢！"

——"恋爱真是烦人，真不如一个人来得自在。"

这样的回应在亲密关系中很常见，矛盾升级往往也是在这样的互动中形成的。不过，陈怡并没有这样说，她在心理上和行动上做了以下几件事：

（1）承认男友爱生气，也接纳他这一缺点，因为每个人都不完美。

（2）看到自己在这件事中存在的过错，没有在男友提出想上卫生间时，及时共情他的感受，回应他的需求，如"那赶紧去卫生间吧"；或者用合理的方式解决问题，如"你先去卫生间，我到烘焙坊看看，待会麦当劳见"。

（3）理解自己的第一反应，因为她想去买甜品。平日里，遇到类似的情况，如果不是太着急，她可能会选择稍微忍一会儿，避免多跑一趟路。

（4）以共情为基础，与男友进行沟通。

到了麦当劳后，男友先去了卫生间，随后找了一个位置坐下。这时，陈怡开口了："对不起啊，刚刚没有考虑到你的感受。之前每次我想去卫生间，你都会尽快想办法，第一时间照顾我的感受。我反思了一下，我刚刚的回应确实有问题。"在被共情之后，男友凝重的表情慢慢舒展开来，他说："我和你的情况不一样，要是不着急的话，我就不会那么说了……看看你想吃点什么？"

这是生活中再常见不过的小事，但也正是类似这样的小事，磨灭了许多人对亲密关系的热情，在指责和埋怨中让争吵不断升级，各说各的理，各诉各的委屈。其实，不只是亲密关系，要构建任何一段有深度的人际关系，都需要坦诚地互动、真诚地倾听、体验并理解对方的感受、做出共情式的回应，缺一不可。

亲密关系中最重要的感受，就是感觉自己被另一半理解和关注。沟通中的事件本身并不重要，感受到自己在沟通中被理解和关注才是在互动中缓释情绪、加深关系的重点。这也间接解释了亲密关系是如何帮助人成长的，就如《治愈性连接》里所说："因为每个人都能接收到对方的想法和感受并做出回应，所以，每个人不但扩充了自己的感受和想法，而且扩充了对方的感受和想法。与此同时，每个人在这段关系中都实现了成长。"

那么，怎样才能在亲密关系中建立并维持相互的共情呢？

1. 不断地重新评估自己的信念

对于"一段好的亲密关系是什么样"的问题，每个人都有自己的看法。当我们和伴侣之间出现矛盾冲突的时候，这些信条就会不自觉地跑出来，影响我们的言行。

看看下面的这些信条，是否曾经在你的脑海里出现过？

——相爱的人不应该吵架。

——在感情这件事上，男人就应该比女人主动。

——男人不会珍惜太容易追到的女人。

——如果不曾神魂颠倒地迷恋对方，这段关系肯定有问题。

——男人的职责是赚钱养家，女人的职责是照料家务、带孩子。

——女人是听觉动物，男人是视觉动物。

上述的这些理论信条都是单一维度的，所提供的解决问题的路径也是狭窄的。有些女性认为，男人应该比女人主动，这就使得她们在很多问题上都呈现被动的姿态，即便内心或生理上有正当的需求，也羞于启齿。这一信条可能跟她那个保守又严苛的母亲有关，当她意识到这一点，并且从这一束缚中解脱后，她就可以构建出新的、能够尊重自我感受和需求的信条。如此，她便能够坦然地做自己，表达自己的需求，与尊重和欣赏真实的她的人建立亲密的关系。

2. 表达自己的感受，而非指责伴侣的过错

在发生矛盾的时候，许多人都习惯以第二人称"你"开头来表达自己在当下事件中的感受。事实上，这种表述方式并不理想，很容易导致矛盾升级。

用"你"来表述的话语，通常带有一定的攻击性，会引起对方的防御反应，接收信息的一方更多地感受到的是一种指责和抱怨，很难对你的感

受产生共情，而且很容易激怒伴侣，让情感沟通陷入相互指责和攻击的恶性循环。

如果用第一人称"我"作为句子的开头来描述自己的感受，情况就会大不一样。

用第一人称"我"对自己当下的情绪感受进行表露时，可以更好地分辨自己在事件中的感受。同时，接收信息的伴侣会把重点放在你的感受上，会更容易给予理解和共情。在这样的情况下，伴侣也更可能对你进行安慰，或是自我反省并道歉。

现在，我们不妨体会一下这两种表述方式的差别：

○ **情景1**

"你"开头的表述——"你这个人总是那么自私！"

"我"开头的表述——"我觉得自己最近承担了太多的家务，很疲惫。"

○ **情景2**

"你"开头的表述——"你还知道回来呀？也不看看几点了。"

"我"开头的表述——"我等了你一晚上，这感觉挺难受的，特别孤独。"

共情给了我们一把打开幸福之门的钥匙，当我们愿意放下执念与期望，接受自己好与不好的特质，接受对方是一个有瑕疵不足却可以成长改变的人时，我们就会发现，没有什么问题是大到爱无法解决的。这一原则，不仅适用于亲密关系，与家人、朋友相处也是同样的道理。

【自我训练】为愤怒留出5秒钟的时间

从生理角度上讲，情绪是不受意识控制的本能反应，人类天生就不容易用理智控制情绪。当信息通过感官传入大脑时，会分为两个路径来输送到不同的脑部区域。这两个路径长短不同，短的那条通向结构简单的"情绪脑"，长的那条通向精密复杂的"理智脑"。由于神经传输路径短，情绪脑永远都比理智脑先一步得到信息，更快地做出判断。

当我们得到某条信息时，内心一瞬间就产生了愤怒的情绪。虽然仔细琢磨一番后，觉得没必要生气，可在最初的那一瞬间，情绪脑还是会根据思维习惯给出"应该生气"的判断。所以，我们总是会本能地产生不良情绪，区别就在于失控或不失控。

想减少情绪化的行为，不在于提高理智脑的决策速度，而在于耐心等候理智脑的最后决断。这也意味着，有两件事情我们需要特别注意：第一，不要在愤怒的时候做出重大的决定，避免让情绪脑控制自己；第二，沉下心来用理智脑思考自己的决定是否有利。

由此延伸，想要控制住情绪化的行为，最好的办法就是遇到任何让人生气的情况时，延迟五秒钟再说话或行动。具体的做法如下：

第1步：默读5个数

放空大脑，心里默默从1数到5。这样做是为了让理智脑接收到需要判断的情况，避免情绪脑胡乱发飙。强制延迟5秒钟，往往就能初步摆脱情绪脑的裹挟。

第2步：重新梳理问题

5秒钟过后，重新梳理问题，对事实进行理智的判断。在此阶段，你的脑海里会出现不同的解决方案，将这些方案按照效用逐一排序，反复衡量对比，择优选用。

当第一个延迟5秒钟未能让情绪平复时，可继续延迟5秒钟。记录每一次延迟法控制情绪的过程，认真总结，巩固练习。冷静理性的思维不是一天炼成的，但若能从延迟5秒钟再发脾气开始练习，慢慢延迟时间，循序渐进，也可以逐渐养成良好的情绪控制力。

第七章

重新思考压力

改变压力观念,
以积极的情绪应对挑战

01　压力是一种自然且必要的痛苦

压力与我们的生活息息相关，几乎每个人都有过"压力很大"的体验，那么这个经常被我们挂在嘴边、体验在心间的压力，究竟是什么呢？它是怎么产生的，其存在有哪些价值和意义？

压力一词主要用于物理学，后来被加拿大学者汉斯·塞尔耶用于医学领域，他告诉我们，身体对心理压力的反应，与身体对传染或伤害的反应，有众多的相似之处。他在其著作《生活中的压力》中使用了"一般适应征"的提法，指出无论是哪一种威胁，身体都会以"一般适应综合征"的方式，调动身体的防御来抵挡威胁。

对于指定的个体而言，每个人都有或强或弱一般适应综合征，有不同的适应能力。通常来说，一般适应综合征分为三个阶段。

1. 报警阶段

第一阶段属于刺激阶段，当我们感受到了压力刺激，也就是那些促使我们必须要做出反应的事件时，身体就受到了真正意义上的冲击。此时，机体会努力适应破坏机体平衡的新状况，这种痛苦的状态会持续数分钟乃至24小时。

紧接着，机体会恢复，并调动体内的主动防御机制。这种由体内自主神经反应与内分泌系统反应引起的短期紧急反应，也被称为交感神经反应。这种反应和控制生命活动的神经中枢下丘脑有直接关系，下丘脑通过交感神经系统刺激肾上腺髓质，促使肾上腺素和去甲肾上腺素的分泌，继而提高动脉血压，加快心率和呼吸频率，增加血糖含量。通过分解糖原与脂肪来聚集能量，为肌肉提供充足的能量。

2. 抵抗阶段

这是一个反刺激阶段，指的是压力引起的长期存在的反应。在这一阶段，机体会进行自我调控，促使身体资源重新恢复平衡状态。机体在报警阶段已经耗损了大量的能量，这个阶段就是要补充失去的能量。此时，下丘脑、脑垂体和肾上腺轴重新被调动，分泌促肾上腺皮质激素释放激素，然后垂体前叶分泌促肾上腺皮质激素。血液中含有的促肾上腺皮质激素，可以调节肾上腺皮质分泌盐皮质类固醇，以及糖皮质激素，它们会提高血糖含量。大量的糖皮质激素会对免疫系统产生抑制作用，减少身体在面对组织损害时的反应。

简单来说，在这个阶段，身体能量被充分调动，对压力的抵抗处于高水平，但这种抵抗是以消耗能量为代价的。如果遭遇新的压力，身体的应对能力就会被削弱。倘若压力持续，个体的能量最终会被耗尽，从而导致一般适应综合征第三阶段的到来。

3. 衰竭阶段

如果压力长时间存在，适应环境的需求持续，总会有某个时刻，机体无法继续供给所需的能量，也无法补充消耗的能量，免疫功能的减弱导致机体对新的外界刺激变得更加敏感，进而感到疲乏，从而引发生理和心理上的一系列不良后果，肿瘤和退行性病变也可能随之而来。当机体一直被迫超运转，达到生理极限，就会衰竭。换而言之，机体的适应资本是有限的，每个应激反应都会消耗给定个体的适应资本。

看完上述的一般适应综合征的三个阶段，不知道你是否对压力有了全新的认识？

没有人喜欢压力，但压力又是不可或缺的。我们在生活中不可能避免这种紧张状态，因为紧张是身体对外界强加给自身的刺激的应激反应。一定程度的紧张，对于生存是有帮助的。

人们在海上捕到了沙丁鱼后，如果能让它们活着抵达港口，价格会比死的沙丁鱼价格高出好几倍。然而，路途遥远，环境不佳，沙丁鱼往往在运送的途中就会死掉，能把它们活着运回来的人少之又少。不过，有一艘渔船几乎每次都能成功地带回活着的沙丁鱼，船长自然也赚了不少钱。人们询问船长，到底有什么秘诀？可他总是避而不答，一直严守着秘密。直到船长死后，人们意外地在发现，他在鱼舱里放了一条鲶鱼。

鲶鱼来到了一个不熟悉的环境中，会四处游动。面对这样一个异己，沙丁鱼会感到不安，在危机感的支配下，它们会紧张得不停游动。在危机和运动的双重影响下，沙丁鱼最大限度地调动了生命的潜能，因此能够活着回到港口。

从生存角度来说，压力在一定程度上是自然且必要的，只有超过了一定的界限（因人而异，没有固定标准），肌体为了应对刺激反复过量地分泌激素，导致过度耗损，才会产生身心疾病。

02　用错误的方式减压，会掉进另一个深渊

正在准备研究生考试的苏娅，近期感觉课业压力很重，想让自己放松一下。她在网上看到有人推荐黑白画集的涂色书，说这种涂色书可以放空大脑、缓解压力，重新找回童年的乐趣。于是，苏娅就给自己入手了一本。

收到货后，苏娅真是很喜欢。那天晚上复习完功课，她就开始专注地涂色，一直涂到凌晨1点多才上床睡觉。可是，第二天早晨，苏娅却感觉头晕眼花，还伴有恶心，走路竟然也歪歪斜斜的，躺了一上午也没能缓解。

内心不安的苏娅，在家人的陪同下去了医院。检查了一大圈，最后跑到了耳鼻喉科，医生仔细询问了病情后，说了一个医学名词：耳石移位！医生解释说，这种情况是由于头部迅速运动至某一特定头位时出现的短暂阵发性发作的眩晕和眼震，常见的诱因主要有两种：一是头部外伤；二是长时间低头导致耳部缺血，引发了内耳循环障碍。

涂色书在一定程度上的确有放松减压的作用，但效果因人而异，这与性格、爱好、使用方式有关，不一定适合所有人。特别是长时间低头，并不是一件好事，很可能减压不成，反倒让身体出了问题。另外，在涂画上投入太多时间，对心理健康也可能造成反效果。

能够觉察到压力，且主动寻找解压方法，避免放任其愈演愈烈，这是对自己负责任的表现。但平衡压力需要讲究方式方法，如果用错误的方式去缓解，可能会掉进另一个深渊。

错误的解压方式1：令人放纵或成瘾的事物

任何能够引起快感的事物，都能够暂时地缓解压力，比如酒精、香烟、毒品、性。但是，这些东西会让人放纵或成瘾，也许在享受这些事物的当下，压力暂时消失了，可根本的问题并未解决，"清醒"过后一切都是原样。

错误的解压方式2：利用暴饮暴食来减压

大脑在处理压力和焦虑时的耗能特别大，这种脑力消耗会让人食欲大增，热衷于进食高热量、高糖分的食物，并逐渐对这些食物产生依赖，掉进情绪化进食的陷阱。最后，压力未能缓解，还要背负暴食可能引发疾病、导致肥胖的心理负担。

错误的解压方式3：拖延面对情绪压力的时间

拖延可以暂时逃避不想面对的事物，但问题从未消失，越往后拖压力越大，无力感越强。所以，该做什么赶紧去做，拖着是最糟糕的选择，除了浪费时间、怨恨自己，再无其他。

错误的解压方式4：用长期的健康换取短期的休息

你有没有过这样的想法：等我忙完了这个月、这半年、这一年，我就让自己彻底休个假？然后，继续投入高压的状态中，用那个奖励式的假期望梅止渴，让自己咬牙熬下去！

这并不是一个明智的选择，如果隔一周就休息一下，并觉得身心愉悦，那就说明精力得到了很好的恢复。如果隔一两个月才休息一下，这短暂的休息无法缓解多日积累的压力，且痛苦的是休假后要重返工作岗位，重回高压状态，这会让人吃不消。况且，这种方式是用长期的健康换取短期的休息，属于严重的透支。

如果你曾想过借助上述的这些错误的方式来减压，那么是时候叫停了！这些方法只能暂时缓解压力，却无法给你带来真正的放松和自由。

03 找到你的压力源，厘清压力的诱因

既然错误的减压方法帮不了我们，那正确的打开方式是什么呢？

第1步：找到你的压力源

几乎所有的压力，都是对自尊和自我的一种威胁。换而言之，它存在于我们的脑海，而我们对压力事件的评估也是主观的。2012年，国外心理研究机构定义了心理压力的四种主要成分，也就是压力源，即：挫败、矛盾、变化、压迫感。

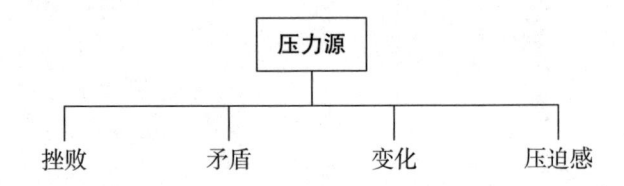

```
           压力源
    ┌────┬────┴────┬────┐
   挫败  矛盾    变化  压迫感
```

1. 挫败

挫败，就是阻碍我们实现自我需求和目标的事件，包括外部和内部两种。外部的挫败源，如意外事故、事业发展不顺、丧失、伤害性的人际关系等；内部的挫败源，包括身体障碍、缺少自信、基本技能不足，以及其他自己设置的阻碍目标实现的障碍。

2. 矛盾

矛盾，就是个体在有目的的行为活动中，存在两个或两个以上相反或

相互排斥的动机时所产生的矛盾心理状态。从冲突的形式上来说，矛盾可以分为四类：

矛盾
- ❶ 双趋冲突：鱼和熊掌不可兼得
- ❷ 双避冲突：两难之中必选其一
- ❸ 趋避冲突：每个选择都有利弊
- ❹ 双重趋避冲突：左右为难

（1）双趋冲突——鱼和熊掌不可兼得

两件事物都有吸引力，都想要，但又不可兼得，很难做出抉择。最常见的情况就是，两份不错的工作摆在眼前，舍弃哪个都觉得可惜。

（2）双避冲突——两难中必须选一个

两件事情都不喜欢，两种结果都不想要，但迫于无奈必须选择其中一个。这种矛盾是最令人不悦的，也是压力最大的。比如：在失业和不喜欢的工作之间，选择其中一个；患了某种疾病，既不愿意长期服药，也不想动手术。

（3）趋避冲突——每一个选择都有利弊

两个目标只能选择一个，但每一个目标都有利有弊，怎么选都要有所妥协。比如：一份待遇很高、颇具挑战性的工作摆在眼前，你希望能借助这个机会获得更大的进步与提升，但这份工作需要长期出差，而舟车劳顿、在外吃住是你最不喜欢的生活方式。

（4）双重趋避冲突：左右为难不好取舍

对个体而言，两个目标或情境，同时有利又有弊，当事人会感到左右为难。比如：在挑选工作时，一份工作待遇高、社会地位也高，可惜离家特别远；另一份工作待遇普通、社会地位不高，但每天可以步行上下班，面对这样的情况，很难做出抉择。

无论是哪一种冲突模式，最重要的是自己对生活方式的选择，是想过自己喜欢的生活，还是按照别人的期望生活？想通了这一点，再做抉择或许就会容易一些。

3.变化

当生活、工作、人际关系出现了变动，需要重新调整适应环境时，压力就会产生，哪怕这些变化是积极的、正向的。比如，刚刚换了新工作，又乔迁了新居，还要准备结婚，其中的任何一个变化都会带来压力，叠加在一起压力就会更强烈。

4.压迫感

压迫感，就是渴望按照某种方式生活，且期望很高，不断给自己施加压力，甚至对自己提出极其苛刻的要求。然而，对于自己当下所做的、拥有的东西，却没有认真感受，也不曾感到满足。

如果你陷入这样的情境中，就要思考一下：你脑子里的那些想法，是否切合实际？你是否让自己超负荷了？步步紧逼自己到底是为了什么？

第2步：厘清你的压力诱因

找到压力源是缓解压力最直接的办法，但是想要真正地平衡压力，避免让自己滑到崩溃边缘，还要了解自己的压力诱因，即：什么样的状况容易让你产生压力？

你可以试着从以下几个问题入手，对自己的压力诱因做一个判断：

1.什么会让你产生压力？在什么样的场合？
2.当你陷入压力状态时，你是在阻止什么情况发生？
3.你是用什么方式来应对压力的？
4.当有压力时，你体验到的情绪是什么？你脑子里有哪些想法？
5.你把压力藏在了身体的哪个部位？
6.你处于压力的状态会持续多久？

每个人的成长经历不同，所处的境遇不同，所以压力诱因也不一样。

对有些人来说，可能会因为不好意思拒绝别人而陷入压力之中，潜意识里害怕人际冲突；对有些人来说，可能是因为害怕犯错而陷入压力状态中，潜意识里残留着成长过程中的一些不愉快经历，让他认为犯错是一件很尴尬、很可耻的事。

说来说去，受到威胁的是我们的想法，我们的自尊，而不是我们的人生。只是，大脑分不清楚它们有什么区别。只有了解了自己的压力诱因，知道什么东西会让自己产生压力，才有可能、也更容易找到解决问题之道。

04　孤独无助时，不要一个人硬撑

有一个在外打拼的女孩，在距离上一次跳楼不足两个月后，再一次从高层跌落。那一跃，所有的年华，所有的故事，都随着尘埃飘散了。她离开后不久，家人在她的枕头下发现了一瓶安定，还有一个破旧的日记本，日记本上零零碎碎地记录着她的遭遇。

女孩说，她其实早已厌倦了生活。奔波在大城市里，被压力裹挟，没有一点安全感，每天戴着面具做人，剩下的只是疲惫。与上司相处要察言观色，处处小心；与同事相处要谨言慎行，生怕得罪了谁；与客户相处要热情洋溢，就算受了委屈也得笑脸相迎。每天遇到各式各样的人，遇到错综复杂的事，有失意，有痛苦，有愤懑。许多话不知该向谁说，也不知有谁值得相信，憋闷在心里久了，就变成了对生活的厌弃。

在浮躁而复杂的世界里，她那颗脆弱而不安的心，再无法容纳生活的重量，就做出了极端的选择，用结束生命来结束这一切。痛心的事情发生后，她身边的人不禁扼腕叹息：你心里那么苦，为什么不说出来呢？

真正的强大，不是把所有的情绪都默默地装在心里，所有的事情都扛在自己肩上沉浸于苦难之中，而是在任何境况下，都能够让自己保持最佳的状态，与外界的阴晴雨雪和平共处。当变故如潮涌般袭来时，要勇敢地敞开心扉，给这些压抑的情绪找一个出口。

倾诉是一扇门，你把它打开，心中的快乐和悲伤就能够自由地流淌；倾诉是一面镜子，能够照得见别人，也可以看得见自己。不过，倾诉和宣泄也是要讲对象和方式的。

1. 选择向对的人倾诉

当你感觉内心承受的压力过大时,要学会适当地倾诉,但前提是"找对人"。有时,给我们造成心理压力的恰恰是难以启齿的因素问题,所以我们需要选择一些真正关心和理解自己的朋友去倾诉,确保倾诉之后不会闹得"人尽皆知",给自己带来更多的麻烦。

如果身边没有这样的知己,陌生的网友或是心理咨询师,也可以作为倾诉对象,因为彼此之间没有生活交集,既能有效地让自己缓释压力,也不必担心"秘密"被泄露。

2. 不让倾诉变成抱怨

找到了倾诉对象,不要没有节制地把心里的"垃圾"乱倒一气,反复地诉说你的抱怨。如此一来,不管对方和你关系多么亲密,他也难以忍受,因为负面的情绪是会传染的,影响到了对方的情绪和生活,你的倾诉就成了骚扰。特别是家庭的琐事,别人未必能够与你产生共鸣,你的喋喋不休只会惹人厌烦。

3. 不要人为地放大困难

每个人都会遇到困境,不要人为地去放大困难,陷入其中不能自拔。沉溺在苦难中,就如同将心灵置于垃圾堆中,它会毒化心灵,使心灵失去光泽。如果你找不到一位令人感到安全的听友,那就要试着想其他倾诉的办法,比如找心理医生,或者把坏情绪写出来,发到私密的网络空间,或是说给陌生的网友,这些都能够帮你倾倒出心灵垃圾。

05　不同的人生阶段，
　　　侧重不同的角色

　　生活就像一个随时变换场景的舞台，每个人都是演员，身兼多种角色。这些角色各有差异，却都属于一个整体，相互影响、相互促进、协同增效，每一个角色对其他角色都有影响，各个角色之间不是你输我赢的对立模式，而是相互依赖的供应模式。如果一个重要的角色饰演不好，就会影响到其他角色。

　　林菲是一个雷厉风行的职场女中层，有强烈的事业心，每天为了工作奔波。然而，努力和忙碌是两个概念，效率和时间也不是对等的关系。从效能上来说，她没有饰演好领导的角色，把所有事务性工作都压在自己身上，忽略了授权的重要性。

　　没有饰演好职场中的领导角色，必然会带来压力与焦虑，而又不能在职场表现出来。这种情绪上的压抑，被林菲无形中带回了家，影响到她在家庭中的角色——妻子。幸好，林菲目前还没有孩子，否则的话，她极有可能会成为一个没有耐心、急躁而又时常自责的母亲。

　　林菲的处境，也折射出了不少新时代女性的困惑：渴望有独立的事业，也想成为顾家的妻子，更想给孩子温暖的陪伴。多种角色要去饰演，精力和时间却很有限，如何让每个身份角色势均力敌，就成了一个难题。那么，究竟有没有解决之道呢？

　　在这个问题上，前SAS中国区总经理龚仲宝，以及环球资源华南区人力资源经理邓珊，分别提出了她们的一些心得体会，我认为很值得借鉴和学习。

1. 分清角色重点，合理利用时间

龚仲宝带领公司的一个团队，队员多以男性为主，团队的凝聚和提升离不开她。同时，她又是两个女儿的妈妈，孩子的成长更是需要她的陪伴。她的平衡办法就是，分清角色重点，追求时间质量。

在家里的时候，她会主动跟孩子们一起做游戏、讲故事，无论时间长短，都把注意力放在孩子身上，做到全身心地陪伴。离开了家，走进公司，她会珍惜每分每秒，合理安排工作，力求把时间用到极致。她的工作需要团队的配合与执行，所以她会规划好每件事情的优先权，依次排序，把计划安排和下属沟通好，让他们都了解工作的重点。一旦遇到了问题，都能知道在什么时候、以什么方式向她求助。

把角色分开，合理安排时间，可以让大脑得到充分的休息。角色虽然不同，但也有相通之处。有些在职场里没有解决的问题，回家休息后，很可能在第二天就有了灵感，迎刃而解。

2. 阶段性地调整目标，不求面面俱到

邓珊的工作就是与人打交道，这也是她擅长的领域。根据自身的观察和经验，她认为女性在面临事业与家庭的问题时，最重要的是明确目标。比如，如果希望照顾好家庭，在职业目标上就不要给自己太大的压力，要选择折中的方案。如果希望在职业上提升，那么就要多跟家里人沟通交流，得到强有力的后方保障，且自身也得有一些牺牲。这样的平衡可以阶段性地进行调整，以满足自己人生的需求为最终目标。

无论是男性还是女性，都很难完美地做到事业与家庭的绝对平衡。工作上随时会有新的变化，家庭里随时会出现不同的需求和矛盾，每一天的变化决定了我们无法将同等的精力平衡地分配在两者身上。很多生活，越是想要兼顾，越是两者都无法协调好。

何必用"二选一"的抉择为难自己呢？饰演好生活中的每一个重要角色，不是简单地把时间和精力分成几个等份，而是找到合适的平衡点、阶段性地取舍，根据当下的处境权衡轻重缓急，哪一边对你更重要，就暂时倾向于哪一边，实现一种动态的平衡。

06　从紧张中抽离，
　　　享受"片刻的放松"

"二战"时期，德国攻打英国，伦敦经常是火海一片，轰炸声不绝。在这紧要关头，丘吉尔竟然坐在沙发上织毛衣。这件事传了出去，所有的英国人都不理解，抱怨他是一个无心的首相。

后来，人们才知道，丘吉尔之所以织毛衣，那是他独特的休息方式和自我放松术。他指挥着百万大军，管理着战乱中的国家，精神经常处于高度紧张的状态，他把仅有的一点空闲时间用来织毛衣，就是想分散自己的注意力，让精神得到放松。

生活在一个充满压力的世界，紧张不安、焦虑急躁似乎已经成了现代人的通病，言谈之中随处可瞥见莫名的严肃与沉闷。多数人虽不喜欢这种状态，却不知道该怎么调整，任由它侵扰着内心。那么，有哪些方法可以让我们从紧张中抽离，实现"片刻的放松"呢？

1. 放慢说话的语速

不知道你有没有发现：一直诉说紧张的事情时，往往会变得更加不安，就连说话的嗓音也会变大。语言可以映射出思想，而思想也决定着语言，两者是相互影响的。

当你感到紧张时，不妨让自己说话的语速慢下来，尽量使用平静的语调及字眼，静静地安抚自己，可以让紧张的情绪得到缓和。

2. 全身放松法

当精神高度紧张时，全身的肌肉都会绷紧，会消耗大量的精力，让身心产生疲倦感。要想从不安中走出来，不妨尝试一下全身放松法。只需要坚持2分钟，你就会明显感受到，身体释放出了许多负能量。

集中心力，从眉毛、下巴、嘴唇、喉咙，然后肩部、双手、腹部与大腿，一直到脚部，慢慢放松。这与冥想类似，你可以假想一切都是自由自在的，让肌肉全部放松，坐在椅子上，想象全身没有力气，让椅子承受自己的全部重量，肌肉不必担负任何重量。

3. 写作宣泄法

美国的医学专家曾经对一些患有风湿性关节炎或哮喘的人进行分组，一组人用敷衍的方式记录他们每天做的事情；另外的一组被要求每天认真地写日记，包括他们的恐惧和疼痛。结果，研究人员发现：后一组的人很少因为自己的病而感到担忧和焦虑。

把紧张、焦虑通过文字的方式表达出来，是一种很好的自我表露方式，它可以成为情感的宣泄口，释放负面情绪，让你更清晰地看到当下自己所迷惑和纠结的问题。

4. 植物疗愈法

澳大利亚的一些公园里，每天早晨都会有不少人拥抱大树。

据称，他们在用这种方式减轻心理压力。相关人员研究发现，人在拥抱大树时可以释放体内的快乐激素，与之对立的肾上腺素，即压抑激素则消失。

当你感到紧张或不顺心时，也不妨找个清净的地方，伸开双臂去拥抱大树两三分钟，感受一下植物的神奇力量。

【自我训练】与自己对话，与身体对话

当我们意识到自己陷入压力状态中时，该怎么做才能叫停压力、缓释紧张呢？

方法1：与自己对话

第1步：停下手边的事情

当你感觉心神不安，内心被压力填满时，先把手边的事情停下来。短暂的停歇，不会造成太大的影响，带着压力勉强硬撑，才是费神费时又费力。

第2步：直面压力状态

停下来之后，你要直面压力了。所谓直面，就是不抗拒这种状态，承认自己正处于压力中。如果你不承认它，甚至讨厌自己的这种状态，认为它不应该出现，不仅于事无补，还会造成进一步的心力耗损。

第3步：进行自我对话

通常，感到压力是潜意识里存在恐惧，这种恐惧与成长经历有关，可能是怕犯错、怕不配得、怕能力不足、怕不被爱、怕孤独、怕失控、怕不被认可、怕失去地位，等等。比如，当你为了一项任务感到焦虑时，看似是工作导致了压力，但可能背后潜藏的台词是："我害怕做不好这件事，怕老板不认可我，不配得这份工资……"所以，当你感到压力时，记得扪心自问一下："我到底在怕什么呢？"

第4步：理性地分析想法

对于上述的恐惧情绪，你认为它合乎情理吗？比如，你负责的那项任务，是不是很有挑战性？或者难度很大？如果没有做好，一定会被辞退吗？公司里的其他同事，出现类似情况时，老板通常是怎么处理的？借此评判一下，你是否夸大了这件事可能带来的后果？

第5步：设想最坏的结果

假如，你设想的最糟糕的结果出现了，老板真的认为你能力不行，把你辞退了，你的人生会不会从此变得一塌糊涂？你这辈子是不是再也无法找到一份新的工作？

第6步：思考解决的办法

做好最坏的打算后，你不妨再想想：可以做什么来解决这个问题，并且能够彻底放下？可能你会想到，寻求同事的帮助、查询更多的资料、向老板申请多一点时间……当你内心冒出这些可行性措施后，压力也会随之减轻。

方法2：与身体对话

当我们感受到压力时，身体往往会出现一系列的反应，如心率加速、身体紧张、血压升高、失眠、消化不良、无法放松等。这个时候，我们要和身体进行一场精神对话，让它慢慢平静下来。别怀疑身体的本领，它的自主神经系统的控制能力远比我们想象中强大。

1.用腹部进行深呼吸，吸气和呼吸时要屏住几秒钟。

2.屏气的时候，试着让身体放松。

3.与身体进行对话，让它平静下来，并想象着它已经恢复了平静。然后，把手放在胸口，在心里默默地对自己说："很好，你现在可以冷静下来了。"

4.想象着你的心跳速度正在慢慢减缓,伴随着你的呼吸,开始逐渐恢复正常。在心里默默告诉自己:"你现在什么都不用做,只要放松,你可以做到。"

5.你可以把自己的身体想象成孩子,用充满爱与关怀的口吻对他说:"我知道你累了,你很辛苦,休息一下吧!别怕,你现在很安全。"

6.练习5分钟左右,感受身体的变化。

以上的两个解压方法,可以单独使用,也可以结合使用,根据自己所需而定。

第八章

做好精力管理

远离困、倦、乏，
精力充沛地过好每一天

01 体能是精力的基础，
直接影响情绪状态

三年前，我认识了健身达人张老师，或许称她为精力达人更恰当。

张老师在南方的一所大学任教，身高165厘米，体重常年保持在两位数。已经50岁的她，身型看起来依旧如少女一般，不是纤弱之态，而是健康之美。纤美的身材自然令人艳羡，可这并不是重点，真正令人惊叹的是，她在完成日常工作之余，保持每天跑步5公里和晨读的习惯，即便出差在外地也雷打不动地执行，同时每个周末都会制作健康的美食，起初只是自己吃，后来还向关注她的"集美群"分享健康饮食和运动的内容，以及美食的制作步骤。

是什么支撑着张老师一直这样做？

很多人以为只是"爱美"使然，张老师却说："那只是很少的一部分原因，我想要的是每天精力充沛地去工作和生活。当我站在学生面前，我要以饱满的状态去给他们讲课，并在其他时间完成课题研究。当突然接到出差的任务时，也有足够的精力支撑我奔波于往返途中，而不是稍加忙碌就会生病。对我来说，拥有良好的体能和旺盛的生命力，比拥有傲人的马甲线更重要。"

至此，我们才真正知晓，张老师选择晨跑是为了让自己获得良好的体能，从而保持稳定的情绪状态，更好地应对生活中的种种变动。

从某种程度上来说，张老师的解释颠覆了一些人的认知，比如：跑步是在消耗身体的能量，体能消耗掉了，怎么可能精力充沛呢？实际上，这是把运动和体能混为一谈了。

体能一词，最早源于美国，其英文是Physical Fitness。从广义上来说，指的是人体适应外界环境的能力；在英文文献中，指的是身体对某种事物的适应能力。外界的环境时刻都在变化，我们的身体如何根据这些变化来进行调试？调试的能力如何？这就是体能，即身体的适应性。德国人对体能的解释更为直接——工作能力。

为什么体能好的人，精力会更加旺盛呢？

医学研究发现，体能良好尤其是心肺能力突出的人，大脑的供血、供氧、供糖都会更好。因而，大脑的工作效率就会提升，即使是长时间的工作也不容易疲惫。

全世界出产世界五百强CEO最多的学校，不是哈佛，也不是耶鲁，而是西点军校。他们在西点接受的战略思维养成、纪律性、团队意识、目标感以及体能训练，为后来应对繁重的工作奠定了坚实的基础。所以说，体能好是精力充沛的根基，直接影响着我们投入工作与生活的能力。

这就不难理解，为什么张老师要坚持晨跑5公里。她在打造过硬的体能，有了这一先决条件，她才可以精力充沛地去学习和工作，充分享受休闲活动的乐趣，并能够从容自如地应对各种意外状况。当然，这绝不是一日之功，更与天赋无关，而是循序渐进、于日积月累中锻造出来的。

说到这里，不得不提及精力管理的金字塔模型。

- 第四层　意义感是精力的源泉
- 第三层　注意力让精力高效输出
- 第二层　情绪影响记忆、认知和决策
- 第一层　体能是精力的基础

（金字塔四层自下而上：01 体能、02 情绪、03 注意力、04 意义感）

这一模型共有四层：第一层（最底层）是体能，它是精力的基础；第二层是情绪，影响人的记忆力、认知力和决策力；第三层是注意力，能够让精力有效输出，减少不必要的耗费；第四层是意义感，是人活着的最高追求，是驱动我们做事的底层逻辑，是精力的最终源泉。

看到这个模型，我们不难发现，体能是精力管理的重要根基。

体能犹如一块可充电的电池，也许一开始电量并不充裕，但通过有效地调整和训练，却可以让电量不断得到提升。从心理学的角度来看，精力来源于氧气和血糖的化学反应；从实际生活来看，精力储备与我们的呼吸模式、饮食结构、睡眠质量、身体的健康程度等息息相关。接下来，我们就这些内容进行详细的介绍，学习如何打造"不疲惫"的身体，拥有良好的情绪状态。

02 掌握正确的呼吸方式，为身体积蓄能量

越是看似平常的事物，越容易被人忽视，也越容易在失去时让人感悟它的珍贵。

呼吸，就是这样一种事物。如果没有遇到特殊的情况，比如感冒鼻塞、游泳呛水，我们几乎不会花心思去体会它的存在，一呼一吸就那么自然而然地发生了。可当呼吸被疾病或外界的其他因素影响时，我们就会痛苦不堪。

呼吸，不仅关乎着生命的存亡，也是身体能量的来源。

我们经常会听到一个词语——"有氧呼吸"，它的意思是指细胞在氧气的参与下，通过多种酶的催化作用，对葡萄糖等有机物进行彻底的分解，产生二氧化碳和水，同时释放出大量的能量。从本质上说，呼吸是要先进行能量的输入，然后再通过能量的输出，实现能量守恒。这一过程，需要内在和外在都达到统一。

修习瑜伽的人大多有过这样的感触：初学时往往把体位看得很重要，也经常会因为身体的柔韧度不够而在拉伸时感到格外难受，且呼吸也会变得困难。有时，一个体式做得不到位，抑或无法保持稳定的姿态，也很难控制好自己的呼吸。

随着修习的深入，练习者开始意识到，瑜伽中的呼吸和身体的角色同样重要。只有把身体、呼吸、心志合为一体时，才能真正领悟一个体位法的真正价值。想把瑜伽练好，第一步就是要有意识地把呼吸和身体结合起来，让呼吸来引导每一个体式，达成两者的结合。

毫无疑问，呼吸在运动过程中发挥着重要的效用，那么在日常的工作

和生活中，我们是否也可以通过呼吸来为自己补充能量呢？当然可以，但有一个前提条件：掌握正确的呼吸方式！

　　活着的每一刻我们都在呼吸，但不是每个人的呼吸方式都是正确的。事实上，有很大一部分人长期处在浅呼吸的状态中，吸得很浅，只吸到胸腔就吐出去了，身体很难感到完整而彻底的放松。想要身体积蓄能量，我们需要的做的是——深呼吸。

　　为什么深呼吸如此重要呢？因为在所有的内脏器官中，肺部是我们唯一可以调控的，而调控肺部的方式就是深呼吸。同时，深呼吸可以调动人体的副交感神经。副交感神经是做什么的呢？它的主要任务就是放松身体和消化吸收，而这两者对我们来说极其重要。

　　想要恢复体能和精力，我们就要不断强化副交感神经，让身体主动地放松下来，慢慢恢复。然后，当我们需要它的时候，再调动所有的精力，全力以赴去完成目标。所以说，精力达人不是不会累，而是他们更会放松和休息，懂得劳逸结合，在主动恢复中为身体蓄能。

　　怎么来判断自己的呼吸是否正确呢？又该如何做深呼吸呢？现在，你可以按照下面的指令练习一下，它既是一个对呼吸方式的测试，同时也是一个纠正的训练。

第1步

站立、坐直或平躺，使全身处于舒适、放松的状态。

第2步

一只手放在胸前，另一只手放在腹部。像平时那样呼吸，同时观察胸部和腹部的起伏变化。

第3步

当腹部鼓起时，胸部仍旧保持原状，这样的呼吸方式就是正确的。如果胸部的起伏比腹部大，那就要调整呼吸，用腹部吸气，同时胸部保持原状。把手放在腹部，胸部保持原样，练习吐纳。深吸气5秒钟后，再呼气。

第4步

抓住一切可练习这一呼吸方式的机会，实现从刻意练习到习惯养成，最终将它变成自然而然的呼吸方式。

尝试做20次深呼吸，感受一下，你的身体是不是慢慢放松下来了？

03 靠甜食来缓解情绪，可能会让情绪更糟

生气、难过、郁闷、委屈……每一个难熬的时刻，"好吃的"都不会缺席，似乎这个世界上所有的不开心，都可以用美食来治愈。然而，吃一顿真的能够解决情绪问题吗？

美味的食物之所以能给人带来短暂的安慰，是因为它可以激活调控情绪的中脑—边缘多巴胺神经系统，促进多巴胺释放；尤其是糖类、淀粉等碳水化合物进入人体后，会让血糖水平快速升高，令人产生愉悦感和满足感。但是，由于含糖食物会快速被肠胃吸收，急剧上升的血糖很快又会下降，当血糖水平较低时，人又会感到烦躁、易怒、情绪低落。

英国沃里克大学和德国洪堡大学的专家研究发现，摄入过多的糖会让人感到疲惫。研究人员从31项研究结论中收集了近1300名成年人的健康数据，分析了糖对人们认知、思维、情绪、精力等各方面的影响。在考虑了糖分摄入量、甜食类型及人们从事脑力、体力劳动强度高低等因素后，研究人员得出结论：吃糖后比没吃前感觉更累，大脑反应更迟钝。

无论是想维持情绪的稳定，还是想获得健康的身体，以及充沛的精力，甜食都不是一个好的选择。人体必需的营养素有七大类，分别是糖类、蛋白质、脂肪、水、维生素、矿物质、膳食纤维，那该怎么吃才能让食物成为精力的燃料呢？

1. 限制性地摄入糖类

尽量少吃精制谷物、白米饭等单一化合物，它们会在体内迅速刺激血

清素的分泌，而后很快失效。这就会导致情绪波动，不仅无法缓解压力，还会让人感到疲劳、没精神。

适当增加复合碳水化合物含量高的食物，如全麦面包、麦片、粗粮饭等，它们能够长时间刺激大脑产生血清素，这种物质可以改善人的情绪。另外，蛋白质的摄入不可或缺，它可以促进多巴胺的分泌，这是天然的抗压激素。

2. 蛋白质不可或缺

没有蛋白质，就没有生命。如果长期食用高油、高糖类食物，而蛋白质的摄入又不足，会导致肌肉越来越松软；长期缺乏蛋白质，头发也会缺乏光泽、易断裂。更为重要的是，少吃或不吃蛋白质，免疫细胞就没办法正常工作，身体自然就容易生病。通常来说，动物蛋白（鱼肉、虾肉、牛肉、羊肉、猪肉）评分，高于植物蛋白。

3. 尽量选择优质脂肪

脂肪并非一无是处，它可以减缓饥饿感、缓解餐后血糖的上升速度，适量摄入有助于身体健康和细胞膜的修复。日常饮食，要尽量选择优质脂肪，如三文鱼、金枪鱼、鱼油、核桃、芝麻油等，避开劣质脂肪，也就是反式脂肪酸。通常来说，这个名字不会直接出现在配料表中，但是看到"氢化植物油""植脂末""奶精""人工黄油""植物起酥油"等字眼，就要特别注意了，它们都是反式脂肪酸的别称，能不吃就不吃。

4. 确保充足的水分

水是生命之源，充足的水分可以增加身体的活力，提高皮肤和筋膜的质量，保持肌肉与关节的润滑，并能够延缓衰老。同时，充足的水分还可以避免暴饮暴食，因为有时感到饥饿，并不是真的饿，而是渴了，这两个信号很容易发生混淆。

5. 每日补充维生素

水果和蔬菜是维生素的重要来源。当身体缺少维生素B1时，人很容易出现暴躁易怒的情况；当身体缺少维生素B3时，人又会出现焦虑不安、失眠或抑郁的情况。如果肉吃多了，肾上腺素的含量就会提高，这会导致人冲动易怒。

当身体摄入的色氨酸过少时，人很容易陷入悲观、忧郁之中。所以，平日里要适量吃一些小米、鸡蛋、香菇、肉松等食物，保证色氨酸的正常摄入。当体内维C含量不足时，会出现情绪和行为上的孤僻、冷漠、忧郁，所以新鲜的果蔬是不可或缺的。

爱自己，不是一味地满足口腹之欲，而是在好习惯中获得身心的舒畅与自由。好好吃饭，认真对待一日三餐，这是对自己最基本，也是最重要的善待方式。

04　睡眠不足的时候，
　　　情绪也会变得消极

从事电商直播工作的阿丽，体重比去年增长了十几斤，整个人的精神状态很差，动不动就想发脾气。阿丽说，这一年来工作不太顺利，她一直都很焦虑，几乎夜夜失眠，有时完全就是睁着眼睛看天花板，到了凌晨三四点才勉强能眯一会儿，但都是浅度睡眠。

晚上睡不着，白天没精神，还要应对繁重的工作，阿丽只能选择用重口味的食物来刺激自己的味蕾，希望能打起精神来。于是，麻辣香锅、辣火锅、奶油蛋糕就成了"能量补充剂"，离开了它们，就感觉生活一点儿乐趣都没有了。

渐渐地，阿丽的日子就变成了这样一种模式：睡得越来越晚，吃得越来越多，口味越来越重。偶尔，工作不那么紧张，可以早点儿躺到床上时，阿丽又会抱着手机刷，原本是想放松和休息，不承想刷完了网页、看完了电影，时间又滑到了凌晨，而她也觉得更累了，脑子懵懵的。

现代社会，像阿丽这样的人不在少数，基于云端大数据发布的《2016中国人睡眠白皮书》显示：人们的平均睡眠时长是7个小时，失眠人群达22.5%，其中有2.3%的人存在严重的睡眠问题。睡眠不足的人，熬的是夜，透支的却是人生下半场的生命力。即使只是少量的睡眠缺失，也会影响到力量、心血管能力、情绪和整体精力水平。

美国加州UCLA大学曾经做过一项研究，随机把参与者分成"正常睡眠组"和"非睡眠组"。

第一天晚上，正常睡眠组参与者，照常有8小时睡眠，非睡眠足参与者不可以睡眠。第二天，所有参与者接受磁力共振脑功能检查。研究人员让参与者观看100张可能会触动情绪的照片，其中包含中性以及可能引发强烈负面情绪的事物，如火灾、交通意外等情景。

研究结果显示，大脑中央深处的杏仁核（掌管情绪反应的大脑组织），在非睡眠组中变得异常活跃。在睡眠不足的情况下，大脑前额叶未能对杏仁核的活动情况做出有效的调控。在正常情况下，前额叶是大脑的最高总指挥，它可以对杏仁核保持适当控制，确保情绪反应不影响其他行为。这就证明，在睡眠不足时，人的情绪反应会变得敏感，哪怕只是轻微的负面因素，也很容易引发较大的反应。

睡眠是人类与生俱来的本能，也是恢复精力体力的重要途径。睡眠缺失会导致积极情绪降低，同时让消极情绪增加。我们该怎样做，才能够减少熬夜、提高睡眠质量呢？

1. 判断自己的最佳睡眠时长

关于每天几点睡觉的问题，没有标准答案，因为个体存在差异性，需要根据自身的情况来定。有些睡眠质量较好的人，每天睡6个小时就够了；有些存在不同失眠现象的人，则需要适当延长睡眠时间。不过，延长睡眠时间并非弥补睡眠质量的最佳办法，还是应当通过调理和治疗，去提升睡眠质量。想知道自己每天睡几个小时合适，最简单的办法就是，连续一周保持同一睡眠时间，如每天睡7小时或8小时，观察自身的情况。

2. 睡前1小时远离电子设备

对现代人来说，想要保证优质的睡眠，最重要也是最难做到的一条，就是睡前1小时远离电子产品。因为手机、iPad或其他电子屏幕发出的蓝光，会抑制体内褪黑素的分泌。褪黑素的作用是调节昼夜循环，让人晚上感到困，早上准时醒来。睡前在蓝光下暴露太久，会让人感觉不到困意，直到身体透支到再无法支撑任何消耗，才进入睡眠状态。第二天，无论早起还是晚起，都很难消除疲惫感。

你可以在白天找出一段空闲时间，远离电子设备，做一些让自己心情舒畅的事，可以有效地控制这种行为。简单来说，就是适应手机离身、不时刻刷手机的状态，该处理的事情集中处理，等习惯了这样做以后，就能够做到在睡前彻底放下手机了。

睡前的1小时里，也可以做点其他事代替刷手机，比如：洗热澡或泡脚，看一会儿非小说类的书籍。然后，躺在床上，熄了灯，思考一下明天要做的"最重要的三件事"，提前有一个清单计划。做完这些事，内心往往是平静的，也就可以正式开启睡眠模式了。

3. 利用小憩的方式来补充精力

每一个职场人的世界，都不可避免地充斥着加班的任务。所以，总会有几次身不由己的睡眠不足或不规律。科学家通过实验研究发现，一周之内晚睡的极限是2次，在这样的情况下做适当的补救，精力还是可以恢复的。

如果前一天晚上睡得迟了，第二天一定要留出小憩的时间，这非常重要。日本的睡眠研究员发现，每天下午的3~4点是一个人精力最低的极限点，也是人们最困的时候。所以，不妨在下午1~3点小憩一会儿，帮助自己快速地恢复体力和精力。

小憩的时间最好控制在20~30分钟以内，最长不超过40分钟，否则的话就会进入熟睡期和深睡期，很难被叫醒。若是硬着头皮起来，也会感觉头晕脑胀，像没睡一样。

4. 吃好、吃对晚餐有助于睡眠

带着一点点饥饿感入睡，这种状态是特别舒服的。吃得过饱，会感觉身体沉重,翻来覆去睡不着。所以,躲不开的聚会大餐,尽量安排在中午,这样还能有充分的时间来消化食物。晚餐的饮食尽量清淡,少油腻,六七分饱即可。避免吃刺激性的食物,如辣的、酸的,这些食物可能会导致胃灼热,加重焦虑感。

总而言之,想获得优质的睡眠,不是通过某一方面的改善就能实现的,需要多管齐下,养成良好的、规律的习惯。可能开始时不太容易,但坚持过后你会发现,一切都是值得的。

05 迈开脚步，
运动是拯救精神疲惫的良方

疲劳是一个复杂的身体机制，目前学界将其分为两类：体力疲劳与精神疲劳。

体力疲劳，是肌肉和躯体经过运动，出现了缺乏能量、代谢废物聚集和一些内分泌变化的情况。运动健身产生的疲劳，大都属于这一类。通过饮食和休息，就可以恢复。

精神疲劳，是人体机体的工作强度不大，但因为神经系统紧张，或长时间从事单调、厌烦的工作而引起的主观疲劳。比如，长时间地写文案、画设计图等，都会导致脑力疲劳，就连长时间打游戏也会引发精神疲劳。

遇到烦心事时，哪怕什么都不做，也会感觉疲惫，这就是典型的精神疲劳。大量的研究和实验证明：在同样的条件下，应对精神疲劳、改善不良情绪，运动比听音乐等其他方式更胜一筹。

贝拉·麦凯是英国《卫报》、VOGUE等杂志的撰稿人，因受离婚和精神健康问题的困扰，她患上了严重的焦虑症和抑郁症。然而，跑步让这一切发生了改变，她还特意撰写了一本书，名字就叫《跑步拯救了我的生活》。

贝拉指出，痛苦可以缓解痛苦。跑步有分心的作用，当你的身体经受痛苦时，大脑某些部分的运作就会减缓，比如烦躁、悲伤、郁闷。在遇到失恋、丧失亲人或生活压力沉重不堪时，迈开脚步，或许就能把你的生活带回正轨，无论这一步是多么小。

跑步拯救了贝拉的生活，但我们不一定非得去跑步。情绪是流动的，人在不同的时间会有不同的情绪，而情绪也影响着人的行为表现。运动也是行为表现之一，所以我们可以根据当下的情绪来选择合适的运动。

1. 内心平静——休息 or 激发运动欲望

心情平静令人感到舒适，但在某种程度上也可能会诱发懒惰，让人只想待在某个地方懒得动弹。如果是因为体力不支或是身体不适，休息是最好的缓解方式；如果各方面状况都正常，也可以想办法激发自己的运动欲望，比如穿上喜欢的运动装、放几首喜欢的动感乐曲、骑上心爱的单车去吹吹风，比待坐着刷手机更有益健康，也能在活动结束后体会到更多的成就感和满足感。

2. 情绪高涨——高强度有氧 or 心肺强化

高兴的状态，会让人感觉全身充满能量，这个时候很适合安排跑步的运动，选择一条风景优美的路线，让心情随着跑步的律动而持续增强。如果情绪达到了兴奋的状态，也可以安排一些高强度的心肺强化训练，让体内的兴奋能量得以发挥和释放。

3. 悲伤低落——中等强度的有氧运动

大量临床研究都证明，运动可以有效地缓解抑郁症。通过运动，人可以转移注意力，暂时忘却烦恼，且运动后会感觉全身舒畅，达到放松的效果。持续长时间的中高强度的运动，可以达到最大心率的60%~80%，刺激内啡肽和血清素的分泌，使人产生愉悦的心情。

在感到情绪低落时，可以选择跑步、游泳、健步走等有氧运动，增加身体的含氧量，有助于缓释情绪，恢复理性思考的能力。

4. 焦虑不安——需投入专注力的运动

当焦虑情绪涌现时，可以尝试做一些需要高度专注的运动，比如跳舞、瑜伽、有氧舞蹈等，专注于眼前的动作，可以暂时抛却脑中的负面想法。特别是瑜伽，它比较重视均匀的深呼吸，这一动作本身就有调适情绪的功效。

无论是感觉身心疲惫，依靠睡觉却不得缓解时；还是遇到烦心事，被负面想法裹胁时，运动都是一个会给你带来益处的选择！走出家门，迈开脚步，走上5公里；跳进恒温的泳池，畅快地游1000米；跟随音乐，舞动你的手臂……这样的积极性恢复，相比静坐和躺着，可以更快地帮你减缓疲劳，从消极的情绪状态中走出来。

06 找到深层价值，
　　　知道自己为什么而活

　　美国的"911"事件，让原本有1000人的坎托公司失去了2/3的员工，公司的IT系统和大量数据也遭到了严重的破坏。在人财俱损的处境之下，没有人知道坎托公司能否继续生存下去。那些幸存的员工，虽然保住了性命，可他们全都被震惊、悲痛包裹着，心灵上遭受了极大的创伤。

　　事件发生几天以后，坎托的董事长宣布：在接下来的五年里，把公司利润的1/4全部送给遇难员工的家属。听到这个决定后，那些幸存的员工备受鼓舞，开始重新振作起来。他们不再只是为了自身的经济需求而为公司服务，还有一个自身利益之外的目标激励着他们。这些员工开始每天工作12—16个小时，甚至一些已经离职的员工在"911"事件之后，也开始主动要求回来。

　　正如乔安·席拉在《工作生涯》中所言："如果工作的内容是帮助他人、减轻痛苦或改善我们的生活环境，那么我们会感到幸福。纵使不是，我们也可以努力地将工作场所变成传递和培养深层价值观的土壤。"

　　坎托公司的员工就是沿着这一条路，发现了过去从未调动过的情感资源，同情、怜悯、耐心、毫无怨言地忍受艰苦的临时的工作环境，且这些情感资源也在一点点地帮他们抚平创伤。这也印证了一个事实，人的意志精力来自深层价值取向与超越个人利益的目标。

　　只有真正深刻地关心自己所做的事，找到真正的使命感与目标，才可能做到全情投入。相比外部的金钱、社会地位、认同感等外在动机而言，这是一种内在的动力，它来自对事物本身感兴趣，且能够带来内心的满足感。

　　罗切斯特大学人类动机研究组发现，相比只有单纯的外部激励而言，人一旦拥有了自发产生的内部动机，在做事的时候就会变得更热情、更自信,更有恒心与创造力。

几年前,我拜访过广州的一位美业咨询公司的总裁。她是2005年踏进美业行业的,至今已近18年。最初,她是自己开设了一家美容美体中心,在经营管理的过程中,她一直不间断地参加培训和学习,又结合自家门店出现的种种问题,开始对内部员工进行系统培训。经过几年的努力,她的店做得有声有色,并开设了两家分店。

看到她把美容院经营得这么出色,周围的同行开始主动向她取经,她也慷慨大方地与人分享自己的心得。在外人看来,她的做法可能会导致"教会徒弟饿死师傅",她却并未太在意。因为门店营业收入的增长带给她的喜悦和满足出现了边际递减效应,而传授学习知识与经营门店的方法却带给了她强烈的满足感和不断学习的动力。

她深爱这个能够给人带来愉悦和幸福的行业,也更愿意为这个行业做点事情,帮助到更多的美业同仁。于是,她将自家的门店事务交由亲信打理,自己创办了美业咨询管理公司。如果说,过去的她只是想做一番属于自己的事业,那么今天的她,却已经超越了个人利益,赋予了自己的生命以全新的价值和意义,因为她所做的一切不仅仅是为自己,而是有了一份利他之心。她要带领自己的企业和员工,践行一个使命:培养高素质的美业人才,为中国美业贡献力量。

对她而言,这不仅仅是所做之事和身份上的转变,更重要的是价值系统的转变。她说:"如果一切只是为了利己,就会把自己的利益视为最重要的东西,而枉顾其他人(客户)的利益。正因为此,才导致美业行业乱象横生。这样做下去,会越来越辛苦,路也越走越窄,从业者会变得更加急功近利、情绪暴躁,根本无心做好服务。有了利他之心就不一样,你所做的每一件事,初衷都是为了带给别人帮助,在成就别人的同时,也成就了自己。两种互动模式截然不同,后一种会让你越做越有热情……"

财富、权力、名利等都是促进人采取行动的动机,但都属于外部激励,影响和效用是有限;唯有找到内心最坚定的价值取向,才能做到全情投入、高效产出，并源源不断地创造满足感。

芸芸众生中的我们，也许尚未有过创业的经历，也没有带领企业找寻使命和愿景的机会，但这并不妨碍我们在生活中理解并运用这一精力法则。

某女士有吸烟的习惯，好几次都下定决心要戒烟，却都以失败告终。终于有一天，她开始渴望成为母亲，并由此想到了吸烟对孕育孩子的各种不利影响，以及孩子出生后看到自己吸烟的感受……她的内心受到了强烈的触动，开始了唯一一次不同以往的戒烟行动，虽然过程中的戒断反应依旧让她抓狂，可正如尼采所说："知晓生命的意义，方能忍耐一切。"这就是深层次价值取向带给她的动力，她所做的一切并不只是为了自己，还有另外一个与之息息相关的生命。

就工作这件事来说，也存在深层价值取向的问题。

如果你内心认为，努力工作、做出成绩，就是为了赢得老板的好评，在公司里深得器重，那么一旦有了意外情况——薪水降了，工作不被老板认可，极有可能你就会丧失努力工作的意愿，被沮丧和怨怼的情绪缠绕。当精力被负面情绪耗损掉之后，你的工作表现会大打折扣，让情况越来越糟，陷入恶性循环。

问题的症结在哪儿呢？很简单，就是将自身的价值完全交给了外人来评判。

如果努力工作的目标只为了取悦老板，赢得赏识，失望是不可避免的。倘若把注意力放在自我成长与精进技能上，就算环境不够理想，中途遇到了挫折，也可以做到正视问题、解决问题，将一切视为考验和经历。坚守自己的价值观，为了目标而努力，往往能够给人以力量，不被怨怼、不安的情绪困扰。

没有使命感与目标，我们很容易迷失在无常的生活风暴中。只有建立深层次的价值取向，让使命感从负面变成正面、从外部转向内部、从利己拓展到利他时，我们会获得更强大、更持久的精力，并获得更深一层的满足感。

07 重视未完成事件，
减少精力上的耗损

《少年派的奇幻漂流》里有一句经典台词："人生到头来就是不断放下，遗憾的是，我们来不及好好道别。"来不及好好道别，在心理学上被称为"未完成事件"，类似这样的遗憾，带给人的创伤和痛苦是不容忽视的。

未完成事件，是完形心理学中的一个概念，它不仅仅指那些没有完成的事，还包括强调个体情感需求被压抑，一种持续的、不被认同的状态。

德国心理学家库尔特·考夫卡，曾经做过这样一个实验：将受试者随机分成两组，同时完成一道有难度的数学题，一组给予40分钟的解题时间，另一组只给20分钟的解题时间。结果发现，那些已经完成题目的人，在第二天的回访中很快就忘记了题目的内容，而那些没有充裕的时间去完成测试题的受试者，依然能够清晰地回忆起题目的细节。因为在他们心中，那道没有做完的题，成为未完成事件，占据了他们的心理空间，消耗着他们潜在的心理资源，有些人甚至在吃饭的时候，依然在回想并思考这道题。

在现实生活中，更容易引发情绪问题的是情感需求方面的"未完成事件"。这种缺憾往往是持续的，因为没有做好充分的心理准备，对于这种不确定性的发生，会感到猝不及防，很难在短期内接受，继而引发焦虑和痛苦。

在生命的历程中，我们会有一些需求因为各种原因未被满足，比如：小时候受到排挤而没有表达，被他人责备的恐惧没有被看见，自己喜欢的东西没有被满足，相恋很久的人最终离自己而去……为了缓解痛苦，个体通过压抑、搁置、忽略等方面来获得心理上的平衡，在此过程中消耗了大量的心理能量，积累的未完成事件越多，消耗的能量就越大，也就无法聚焦于当下，全情投入到该做的事情中，继而造成全新的未完成事件。

昨晚，卡洛和先生吵架了，两人闹起冷战，各睡一间卧室，早起又都各自忙着上班，谁也没有说话。其实，卡洛已经意识到，昨天是因为她说了很多刺耳的话，才彻底惹怒了先生，她想了一晚上，颇为自责。卡洛很想跟先生道歉，可早上起来看到先生一脸阴沉，也就没有开口说什么。

上班的路上，卡洛的心里一直惦记着这件事，反复思索那些想说而未说的话，以至于差点儿坐过了站。到了公司，同事跟她打招呼，谈及工作上的一些安排，她虽点头示意，实际上心神恍惚，根本没有记在心上。因为，她满心满脑想的还是昨天和先生吵架的问题，这个未解决的问题，几乎占据了她全部的心思。

很多人都喜欢说："时间是最好的良药。"事实上，那些未能完成的、令人遗憾的、无法释怀的东西，时间无法替我们解决。多数人选择用这样的方式有意无意地去逃避面对心中的遗憾，最终的结果却被"未完成事件"所控制。没有人能真正逃开它们，只有真正接受心灵深处那些"未完成事件"，鼓起勇气重新经历它们，为每一个结果负责，才可能获得心灵上的自由。正所谓：只有到达才能离开，只有满足才能消退，只有完成才能圆满。

有人曾在白纸上画一段圆弧，结果发现，看过白纸的孩子多半都会很自然地拿起笔补上线段，让圆弧变成一个完整的圆。更令人惊奇的是，不只是小孩子，就连大猩猩也有这样的癖好。这些心理学实验都向我们阐述了一点：人类天生就有把事情做完，让需求得到完全满足的倾向。无法满足的需求，会一直牵引着我们心灵的注意。

未完成的情结一旦形成，通常要借助宣泄与补偿的方式来进行纠正。当事人要增加对此时此刻的觉知，认识并清理那些被压抑的情绪和需求，继而获得人格上的完整。

如果我们在生活、工作和情感中发现了"未完成事件"，可以通过专业的心理咨询，使潜意识意识化，重建对一些重大问题的认知，从而找到针对性的解决办法，如写一封私密的信、角色扮演、心理剧等，面对并接纳自己的过去，走出"未完成事件"。

与此同时，也要避免在当下的生活中继续制造"未完成事件"。

在情感问题上，要及时沟通解决，让压抑的情绪得到舒缓；在工作和学习问题上，要杜绝拖延，任何时候都不要抱有"等一下再说"的想法，该解决的问题、该完成的任务，立刻就去做，1秒也不要推迟。选择执行后，也当一气呵成，不要中途磨磨蹭蹭、拖拖拉拉，避免因松懈和懒散把既定的任务变成"未完成事件"，为之消耗宝贵的思想精力与心理能量。

【自我训练】找到你的满足时刻

当某一种负面情绪占据了主导地位时，我们或许可以在表面上做到强颜欢笑，但效率低下这一事实却是无法掩藏的。毕竟，时间一分一秒也不会停留，生活的车轮止不住地往前走，没有谁会停留在原地等着我们收拾好心情，再去完成那些该做的事情，再去扛起应尽的责任。

面对这样的处境，我们迫切需要的就是及时为自己补充情感精力，恢复处理问题的效率。这里涉及一个关键性的问题，该用什么样的方式来补充情感精力呢？

看电视、刷手机？不！

心理学家契克森米哈赖等人研究发现，长时间地看电视会导致焦虑增长和轻度抑郁。相比之下，调动其他正向的情绪恢复资源，可以有效地帮助我们补充精力。

长期处在同一环境中，做着高强度的工作，很容易让人心生厌烦。特别是对自己要求过于严苛的人，患上压力上瘾的概率更是会大幅增加。面对精力上的重度耗损，最有效的补充正向情绪的办法就是，留出一点空间和时间，享受自己的"满足时刻"。

满足时刻，就是让你体验到愉悦和深刻满足的感觉，或者说让你感到快乐和舒适的事物，看电影、阅读、做SPA、画画、听音乐会……无论哪一种，只要让你感到舒适和满足，都可以帮你补充情感精力，因为快乐是维持最佳表现、让情绪恢复的重要资源。

当然，在做其中任何一件事情的时候，别忘了全情地投入其中，安心地享受当下。

第九章

掌握情绪急救

识别常见的情绪问题，及时进行心理调适

01 孤独：消除对社交的负面假设

村上春树在《独立器官》中，塑造了一个名叫渡会的男主人公。

52岁的渡会是一位美容医生，他游刃有余地穿梭在不同女性之间，与她们保持身体上的关系，却又坚守着不婚的信念。一旦对方有结婚或对他表示真正的爱意，他就会抽身而退，因为不想承受任何的痛苦和责任。

直到有一天，渡会迷恋上了一个已婚女人。他想要克制这种迷恋，努力尽可能地不喜欢她，但理性的自我劝解未能奏效。他开始在心理上眷恋这个女人，时刻担心对方会不会离开自己，在见不到她的时候还会产生"怒气"。

最终，这个女人既没有选择渡会，也没有回归原来的家庭，而是跟随了另外一个男人的脚步。失去女人的孤独感，以及被人利用的苦闷，彻底击垮了渡会。他患了厌食症，无法吃下任何东西，开始静静地等待死亡的降临。他认为，女人有一个专门独立的器官，用来编织谎言，对不同的男人编织不同的谎言，因为这个独立器官的存在，谎言对她的整个人生根本没有影响。

渡会的悲剧，看似是被喜爱之人抛弃造成的，实则与他自身的孤独特质有直接关系。他始终害怕全情投入，用孤独的状态作为一种自我保护。当他真正与外界发生了链接，他又开始惶恐不安、患得患失，对现有的关系做出消极的判断。遭遇了感情挫败后，他陷入自我封闭中，被情绪痛苦、自我贬低、绝望空虚和情感隔离彻底征服。

孤独感是一种封闭心理的反应，是一种不愉快的、令人痛苦的主观体验或心理感受。决定孤独的因素，不是人际关系的数量，而是个体与社会在情感上隔离的程度。

短暂或偶然的孤独，通常不会造成心理行为紊乱，但长期或严重的孤独必须引起重视，它会引发某些情绪障碍，增加与他人和社会的隔膜与梳理，进而强化孤独感。

美国一项涉及30万人的研究表明，孤独感的危害相当于酗酒或每天吸烟15支。同时，孤独感会增加人体压力激素皮质醇的分泌水平，削弱免疫系统；孤独者患心脏病和脑卒中的概率是正常人的3倍，其生活方式致使癌症的发病率增加2~3倍！

心理学研究证实，当人类的感觉被剥夺时，大脑皮层唤醒能力会降低，酮类固醇激素水平会上升，出现思维反应迟钝、注意力无法集中、思维过程受到干扰、语言和推理能力等智力测验的成绩严重变糟等情况，甚至还会出现幻听、幻视等精神异常现象。

人的身心想要保持正常状态，一定要不断地从外界获得新的刺激。当一个人陷入孤独状态中，就相当于切断了外部刺激，会对人的整个身心造成严重的破坏。

更重要的是，孤独者还会对自己和身边的人过分挑剔，对现有的人际关系做出消极的判断，影响他们与他人的互动。由于孤独者习惯采取自我封闭的行为方式，推开那些真正关心他们、想要帮助他们的人，这就使得他们的社会关系在数量和质量上进一步降低。

"当我收到高中同学的邀请，让我去参加一个聚会，我的感觉瞬间就不好了。不知怎么的，脑子里突然冒出这样的画面：我尴尬地坐在人群中，看别人喜笑颜开地述说自己的生活，没有人注意到我的存在，也没有人询问我，我就像一个多余的人。我还想到，如果真的有人询问我什么，我该怎样回答？说实话，这让我感到有点儿恐慌。"

这是一位孤独者的自白，不难读出悲观的味道。这也符合孤独者的特质，他们在遇到社交互动的时候，脑子里总是会立刻冒出消极的想法。要他们完全阻止这样的消极念头涌现，几乎是不现实的，较为可靠的处理方式是，把那些合理的、现实感强的积极场景视觉化，想象美好的画面，有助于在类似的机会出现时，有效地识别和利用它们。

就上述情况来说，当事人可以想象在这场同学聚会中，大家都十分友好且热情，愿意和你叙旧谈天。就算不能跟所有人打成一片，只和一两个温和可亲的同学度过一段美好时光，也是很愉悦的享受，甚至还可以想象一下，多久之后可以再小聚一下。

长时间的孤独，会让人被禁锢在受害者思维中，觉得自己没办法改变社交与情感与世隔绝的现状。如果不移除悲观消极的设想，这种感受会变得愈发强烈。有没有什么切实可行的方法，可以帮助孤独者在日常生活中促进自己摆脱消极漩涡呢？

第1步：查看你的通讯录，找到你心目中认可并信任的亲人、同学或朋友。

第2步：回想你和每个人上一次见面的时间、地点、情景。

第3步：根据你与每个人相处时的感受进行评分，排出顺序。分数越高者，就是越需要你该主动联系的人。

第4步：根据上述筛选出的名单，每周至少联系一两个人，最好能见面。

第5步：根据自己的兴趣、爱好、职业等，在网络上选择自己喜欢的活动，如读书俱乐部、心理沙龙、插花活动等，从中筛选出两到三个，报名参加。

孤独者不妨坚持做这样的尝试，直到自己可以移除对社交的负面假设，减少情绪困扰。

02 内疚：
用真诚有效的道歉获取原谅

心理学家霍夫曼认为："内疚是个体危害了别人的行为，或违反了个人的道德准则，而产生良心上的反省，对行为负有责任的一种负性体验。"

世间不存在完人或圣人，没有谁能保证自己的言行举止完全符合自己订立的标准，哪怕是非常优秀的人，也难免会有意无意地做出冒犯或伤害他人的行为。所以，内疚的感受对我们而言并不陌生，甚至是很熟悉的一种体验。相关研究的统计数据显示：人们每天大约有2个小时会感觉轻微的内疚，每个月大约有3.5小时左右会感觉严重内疚。

适当的内疚是健康的，是我们获取责任感的重要方式，提醒我们做一个善良的、对他人有益的人，及时地对自己的行为进行评估和调整。如果内疚感过于强烈，且长期弥漫不散，那就是不健康的内疚了，它会成为心灵上的毒药。美国纽约大学心理学博士盖伊·温奇认为：不健康的内疚，多半都与人际关系相关，它们通常有四种形式。

1. 未解决的内疚——想要道歉和弥补却没有做，或是做了没有得到原谅

某男士在年少无知的时候，以侮辱性的言辞伤害了一位身体有缺陷的同学，待成年后回想起来，深觉不该如此。只是，多年过去了，再也没有那位同学的消息，这份无法解决的内疚，就成了他心头难以愈合的伤口。

2. 分离内疚——因照顾或处理自身的事情，没有考虑或照顾到他人

有些女性在产假结束重回职场后，遇到出差等情况，总觉得对不起孩子；有些人因出国读书或工作，不能经常陪伴在父母身边，哪怕父母得到了很好的照顾，也可能会产生分离内疚，因为父母会想念自己。

3. 幸存者内疚——为自己在创伤事件中幸存而内疚，宁愿自己也遭遇不幸

20世纪60年代，研究者在针对犹太人大屠杀的研究中发现：那些在痛苦中幸存下来的人们，并没有想象中那么幸福快乐、感恩生活。相反，他们一直在饱受"内疚"与"自责"的煎熬。后来，研究者们又在自然灾害、战争、恐怖袭击、空难等天灾人祸中，相继发现了这样的情况。自此，这种现象就被命名为"幸存者内疚"。

4. 不忠的内疚——追寻个人目标时，没有遵从亲友的意愿与期待

有一对从事教育工作的父母，对儿子寄予厚望，希望他将来能够在学业上有所建树，但儿子却没有遵从父母的意愿，径直选择与朋友一起创业。尽管他按照自己的想法做出了选择，可心里却总觉得对不住父母。

以上四种形式的内疚，都属于不健康的内疚。无论是哪一种情况，都不能坐以待毙，要根据实际情况选择恰当的方式去处理，为自己缓解情绪痛苦，积极地解决实际问题。

从理论上讲，当我们意识到了自己的行为给他人造成了伤害，并主动向对方表达歉意，如果过错不算太重的话，对方应该会予以原谅。但实践研究表明：针对冒犯进行简单的道歉，其无效的概率远远超过我们的想象。更糟糕的是，这种处理方式还可能会让对方认为，我们的道歉是言不由衷

的，完全是在敷衍，进而导致事态升级。

为什么会出现道歉无效的情况呢？这个问题困扰了心理学家们多年，尽管他们也进行了大量的研究调查，但侧重点全都指向了道歉的原因与时机，而没有深入考虑道歉的方式，以及有效道歉与无效道歉的区别。后来，人际关系专家与研究人员意识到了这一点，又开始研究怎样道歉才能够获取对方的原谅，并最终发现了影响道歉效果的4个重要因素。

要素1：共情对方的感受

假如有人冒犯了你，让你失望了，你会只想听一句云淡风轻的"对不起"吗？轻飘飘的三个字，想必无法让你平息内心的怒气与难过。相比之下，你可能更希望对方能够"明白"你的感受，并在道歉中表示出，他已经认识到自己的言行给你造成了情绪痛苦，并愿意为此承担全部的责任。当对方这样做的时候，相信你的负面情绪能够得到大幅度的缓解，也更容易放下内心的怨怼。

在共情对方的感受时，务必做好以下几点：

第一，允许对方描述事件的经过，这样可以跳出自己的视角，掌握全部的事实；

第二，从对方的角度去阐述你对事件的理解，不去分析它是否合理；

第三，告诉对方，你能够体会到这件事情对他/她造成的伤害；

第四，共情对方的情绪感受，表达你的自责。

要素2：提出弥补的措施

在共情了对方的感受以后，还要向受害方表明，你想要为此提供相应的补偿或赎罪。哪怕对方不接受，或可弥补的部分很少，也要这样做。对于受害方而言，这是很有意义的，至少他/她感受到了，你在试图采取行动来恢复公平与公正，也在进一步对自己的遗憾和懊悔做出正确的处理。

要素3：承认错误，保证改过的决心

想要获得受害方的原谅，让其知道我们在此次事件中汲取了教训，至关重要。我们必须要明确地承认，自己的行为违反了哪些规范或期望，并且保证今后不会重蹈覆辙。如果有可能的话，还应当提出明确的计划，让对方看到你的决心和诚意。

要素4：用实际行动去证明自己

空口承诺是无效的，必须要用实际行动来证明。当你真的说到做到了，可以再度和对方确认一下，他/她是否已经原谅你了。这样的做法，可以促进彼此的关系，增强信任。

如果被伤害的人接受了我们的道歉，并予以原谅，这无疑能让我们的内疚感得到极大的缓解。可生活不能尽如人意，在某些情况下，尽管我们意识到了自己给他人造成了伤害，却没有机会跟对方道歉，或是努力了半天也没有获得原谅。面对这样的处境，又该怎样办呢？

坦白说，唯一能够缓解痛苦的方式就是——自我宽恕。

自我宽恕是一个过程，不是一个简单的决定，且在情感上也极具挑战性，但请相信你为之所做的努力都是值得的。学会了自我宽恕，才能让我们有勇气面对被自己伤害的人，减少自我惩罚与自我毁灭的倾向，回归正常的生活。

真要做到自我宽恕并不容易，因为自我宽恕不代表我们没有错，也不意味着我们的行为应该被宽恕或遗忘。我们要承认自己的错误，承认对他人造成的伤害，同时对自己的行为承担全部的责任，正视自身的问题所在。唯有完成这样的自我检讨，才能够真正地自我原谅。

03 焦虑：
在恐惧与混乱中重拾掌控感

心理学家阿尔伯特·埃利斯说过："人之所以会产生焦虑，是因为心里有欲望，意识到自己可能会失去，或有不希望发生的事情。如果人完全没有期望、欲望和希望，不管发生什么都漠不关心，那就不会产生焦虑，估计也就命不久矣了。"

健康的焦虑对人类而言是一种恩赐，它可以帮助人们获得自己想要东西，避免担心的事情发生。比如，考试之前会紧张、焦虑，这是因为内心期待能考出一个好成绩，适度的焦虑会促使人去查漏补缺，做好充分的应试准备。一旦现实威胁消失了，如考试结束了，焦虑情绪也会消失。这样的焦虑，就属于再正常不过的情绪反应。

当焦虑超过了一定限度，即持续地、无具体原因地惊慌和紧张，或没有现实依据地预感到威胁、灾难，并伴有心悸、发抖等躯体症状，个体常常感到主观痛苦，且社会功能受到损害。这样的焦虑就是不健康的焦虑，会严重干扰当事人的生活。

焦虑是由遗传因素、生物学因素、精神因素和性格特征等多重影响产生的。然而，无论是单一因素引发，还是多重因素所致，焦虑的本质都是一样的，即害怕面对不确定。

心理学家认为，"不确定"与"焦虑"之间关系紧密。当我们面对未知的、不确定的情形时，会产生一种不在掌控之中的不安全感。面对一种潜在的失控或不安全，我们所感受到的焦虑，其实就是潜意识里的恐惧，甚至是危机生存的恐惧。不确定性越大，我们的焦虑程度就越高。从这个层面来说，要缓解焦虑，务必要先处理恐惧情绪，协助自己找回掌控感。

方法1：运动与正念，调节植物神经

运动的好处在于，可以增加大脑的多巴胺与内啡肽，让人获得平静与放松。比如，瑜伽、慢跑、游泳，能够增加大脑中积极情绪的回路，从植物神经方面帮助我们调节恐惧情绪。除了日常的运动外，正念也是要极力推荐的一种缓解焦虑的方法。

所谓正念，就是有目的的、此时此刻的、不评判的注意带来的觉察。相关研究显示，两周以上的正念，能够增加个体内心的平静感，改善睡眠质量；八周的正念，对人脑部的功能有显著的改变，被试者负责注意力与综合情绪的皮层变厚，与恐惧、焦虑相关的杏仁核区域脑灰质变薄。

方法2：系统脱敏，提高对恐惧的耐受力

系统脱敏疗法也称交互抑制法，是美国学者沃尔帕创立的。

这一方法主要是诱导求治者缓慢地暴露出导致焦虑、恐惧的情境，并通过心理的放松状态来对抗这种焦虑情绪，从而达到消除焦虑或恐惧的目的。简而言之，如果一个刺激所引起的焦虑或恐惧状态，在求治者能够忍受的范围内，经过多次反复的呈现，刺激强度由弱到强，逐渐训练求治者的心理承受力、忍耐力，最终让其不再对该刺激感到焦虑和恐惧。

如果依靠自己的力量无法完成这一训练的话，千万不要勉强，可以寻找咨询师的帮助。

方法3：清晰地描述令自己恐惧的东西

经常听到有人这样说："领导让我试讲一个课题，我特别焦虑……"对于类似的情况，可以用具体化的方式去描述当时的情形，如：什么时间、什么地点、有哪些人参加？你讲的是什么课题？为什么要讲它？你在哪一刻感到焦虑？焦虑的时候你想到了什么，你又做了什么？

在描述的过程中，我们会对整个事件进行反思和觉察，理清头脑中的思绪，看清整个事件的全貌和细节，并感知到自己的情绪。当我们对自己

焦虑、恐惧的东西变得了解和熟悉时，会觉得更有控制感，从而减缓焦虑。

方法4：对头脑中的事情进行优先级排序

焦虑的时候，头脑中往往会塞满各种各样的想法和念头，在同一时间想到很多件事，让人感觉焦头烂额。要处理这样的情况，最可行的办法就是：把头脑中想到的事情列一张清单，并进行优先级排序。然后，选择优先级最高的那件事，全神贯注地去处理，完成一个再进行下一个。

这样的话，不仅能让所要做的事情变得一目了然，还可以在完成一项任务后获得成就感，激励自己继续行动，从而有效地减缓焦虑情绪。如果是一些长期的、难度较大的任务，可以对目标拆解、细分，制定详细的计划，明确执行方案、截止日期，按部就班地去做。当一块难啃的骨头被切成了多个小块，看起来就没那么可怕了，也能提升个体对整个事件的掌控感。

04 抑郁：调整消极认知与反刍思维

一个15岁女孩从25层楼一跃而下，楼下的父亲冒死徒手去接女儿，不幸被砸伤，随后父女两人均经抢救无效离世。让花季女孩不愿存留于世的魔鬼，就是那条名叫抑郁症的"黑狗"。

为什么要叫"黑狗"呢？这源于丘吉尔说过的一句话："心中的抑郁就像只黑狗，一有机会就咬住我不放。"自那以后，"黑狗"就成了英语世界中抑郁症的代名词。

看到上述的新闻，不少人会觉得，这是一件很傻的事。然而，根据世界卫生组织提供的相关数据来看，全世界抑郁症患者已经达到3.5亿人，且每年有100万人在做"蠢事"。选择"自杀"的抑郁症患者，不是矫情或无能，也不是"想不开""小心眼"那么简单，很可能他们已经病了很久很久，却装作像正常人一样，没有人发现。持续的低落、疲惫、哀伤、焦虑、自责，让生活变成一团迷雾，看不到前方的路，也没有力气再走下去。

抑郁症，不是脆弱和糟糕的代名词，世界上大约有12%的人曾在一生中的某个时期经历过相当严重且需要治疗的抑郁症。从某种角度上来说，无论是谁，都有可能会与那条强壮凶悍的"黑狗"不期而遇，被它搅乱正常的生活。

人在遭遇挫折打击以后，都会很自然地产生情绪变化，如感到悲伤、沮丧、失落等，这样的情况属于抑郁情绪，不会持续太长时间，可以通过自身的积极调节而得到缓解。如果长时间（通常是抑郁症状超过两周）无缘无故地情绪低落，影响了正常的学习、工作和生活，无法适应社会，甚至产生严重的消极厌世或自杀的倾向，就要向专业的医生寻求帮助了。

抑郁症不是"心情"不好那么简单，也并不是错误和耻辱，而是大脑神经递质紊乱的现象，需要借助药物和特殊的医学治疗方式来获得缓解。了解这些内容，有助于我们及时觉察和辨识自身的抑郁状态，也有助于消除对抑郁症的错误认知，给予自己和其他抑郁者更多的理解和支持。

对抑郁症患者来说，不良的思维模式，或者说认知障碍，是导致抑郁的重要根源。想要走出抑郁的阴霾，或是减少抑郁情绪的产生，最重要的一点就是重塑思维模式。从心理学的角度来看，最容易导致抑郁的思维模式有两种：一是消极悲观，二是反刍思维。

1. 不良思维之——消极认知

神经科学家指出，人之所以会产生抑郁，是因为负责动脑筋的"思考脑"与负责情绪的"感性脑"之间的交流出现了问题，让人不自觉地关注消极面，把失败、痛苦、挫折、打击等消极体验，牢牢地刻录在脑海中。

相关研究显示，要中和消极事件给人带来的坏心情，竟然需要用三倍的积极事件来平衡。想要摆脱消极认知的影响，需要增强负责乐观的大脑神经环路，在处理现实问题的时候，尽量秉承三个原则。

○ 原则1：不扩大事态

如果在恋爱这件事情遭遇了挫折，不要说："时间没有真情，以后再不会去爱任何人"，要尝试对自己说："这一次的感情没有经营好，我学到了什么？下一次我要怎么做，才能避免出现同样的问题？"

○ 原则2：对事不对人

当一件事情失败的时候，不要把问题都归咎于自己说："我是一个彻头彻尾的失败者"，这就等于把"人"和"事"混淆了。要试着对自己说："这件事情我有处理不当的地方，才导致这样的结果，我需要多想想下一次该怎么处理更合适。"

○ 原则3：不夸张渲染

遇到不如意时，不要总是对自己说："我这个人就是倒霉，什么事都不顺"，要知道这不是事实！你要学会对自己说："为什么很多时候我做事都不太如意，到底是哪儿出了问题呢？我要怎么来避免？"

每个人在身处逆境时，都不免会有一些畏惧之心，但要学会客观地去看待问题，不能偏激地把原因归咎于自己，更不要过分夸大事情的影响。乐观和悲观一样，都是学习来的，不断尝试用积极的思维模式去处理问题时，久而久之就会形成习惯，创造积极向上的正向循环。

2. 不良思维之——反刍思维

过度关注痛苦的经验以及事物的消极面，会损伤我们的情绪，扭曲我们的认知，让我们以更加消极的眼光去看待生活，从而感到无助和绝望。

反刍思维，就是不断地回想和思考负性事件与负性情绪，它会严重地消耗个体的精神能量，削弱其注意力、积极性、主动性以及解决问题的能力。在反刍的过程中，个体也很容易做出错误决策，进一步损害身心健康。

打破反刍循环的方法，主要有以下几种：

○ 方法1：分散注意力

沉浸在反复回忆痛苦的反刍中时，提醒自己"不要去想"是无效的，且大量的实验都证明，努力抑制不必要的想法还可能会引起反弹效应，让人不由自主地重复想起那些原本尽力在逃避的东西。事实上，与拼命地压制相比，更为有效的办法是——分散注意力。

相关研究显示，通过去做自己感兴趣或需要集中精力完成的任务来分散注意力，如有氧运动、拼图、数独游戏等，可以有效地扰乱反刍思维，并有助于恢复思维的质量，提高解决问题的能力。所以，不妨创建一张对自己有效的分散注意力的事件清单，在发现自己陷入反刍中时，立刻去做这些事，阻断反刍。

○ **方法2：切换看问题的视角**

为了研究人们对痛苦感觉和体验的自我反思过程，科学家们试图找出有益的反省与消极的反刍之间的区别，结果发现：人们对痛苦经历的不同反应，与看待问题的角度有直接关系。

在分析痛苦的经历时，人们倾向于从自我沉浸的视角出发，即以第一人称的视角去看问题，重播事情发生的经过，让情绪强度达到与事件发生时相似的水平。当研究人员要求被试者从自我疏远的角度，即第三人称的角度去看待他们的痛苦经历时，他们会重建对自身体验的理解，以全新的方式去解读整个事件，并得出不一样的结论。

由此可见，切换看待问题的视角，从心理上拉开与自我的距离，有助于跳出反刍思维在实践这一方法时，我们不妨这样做：选择一个舒服的姿势，闭上眼睛回忆当时的情景，把镜头拉远一点，看到自己所处的场景。当你看到自己的时候，再次把镜头拉远，以便看到更大的背景，假装你是一个陌生人，正在路过事件发生的现场。确保，每次思考这件事时，都使用同样的场景。这样做的目的，有助于减少生理应激反应。

○ **方法3：认知重构**

在感到悲伤或愤怒时，经常会有人这样劝慰我们："打个沙袋发泄一下吧！"

心理学家研究证实，通过攻击良性对象来宣泄负面情绪，无法从根本上解决问题，还可能会加强我们的攻击冲动。真正能够帮助我们调节情绪的有效策略，其实是"认知重构"，即在脑海中改变情绪的含义，从积极的角度去解释事件，从而改变我们对现状的感受。

一位女士在35岁时罹患乳腺癌，这件事给她带来了深刻的负面影响。但这个既定的事实，也给她带来了"机会"，那就是有了更多的时间和家人在一起、看书、培养新的爱好；借由生病的经历，她也深刻认识到了商业保险的益处，并成为一名出色的保险经纪人。

如果沉浸在"为什么是我患病"的反刍中，可能会让她跌入消沉的深渊，甚至让其病情恶化。然而，当她无力对事件本身做任何更改时，她选择了换一种方式去理解生病这件事，去重新构建它给自己生命带来的积极意义。

05　哀伤：悲伤才是终结悲伤的力量

心理作家丛非从说："我们总是会面临着失去，有些失去在经意间，有些失去在不经意间。有些失去我们准备好了，有些还没有准备好就已经发生了。当失去带着痛的时候，就成为了丧失，而丧失的痛就是哀伤。"

丧失，有时是丢了一件心爱的东西，有时是失去了心爱的宠物，有时是遭遇了突发的意外，有时是与至亲至爱的生死离别。丧失之所以让我们感觉特别痛苦，是因为失去的那些重要的人，是我们的一种延伸的自我。在生活中，与我们息息相关的事物、朝夕相处的家人、情感深厚的宠物，都具有一种象征功能，帮助我们去定义自己。当他们（或它们）成为我们自我的延伸后，我们就会赋予其很多的价值，并借助他们（它们）提升自己积极的自尊感。

无论哪一种丧失，都在某种程度上意味着我们丧失了一部分的自我，越是重要的丧失，就越觉得痛苦。丧失是痛苦的，却是无法回避的人生经历。面对丧失，选择漠视、回避或情感隔离，可以在短时间内缓解痛苦，但无法真正地解决问题，那份痛苦会被压抑到潜意识层面，对生活产生潜移默化的负面影响。丧失是一个分离的过程，我们要为丧失提供一个哀伤的过程，允许自己去表达痛苦，这是自然疗愈的一个过程。

美国哀伤与临终关怀学者伊丽莎白·库伯勒·罗斯，在她1969年的著作《论死亡与临终》中首次提出了"五阶段理论"，试图描绘人们在面对哀伤/临终的心路历程，认为人们要通过否认、愤怒、讨价还价、沮丧、接受这五个阶段，学习接受挚亲挚爱之人离世的事实。

第一阶段：否认——"这不可能……"

丧失带给人的情感冲击是巨大的，最初当事人可能会感到震惊，由于神经系统无法承受如此强烈的痛苦情绪，就会自动地选择否认事实："这不可能是真的""这不可能发生在我身上"，这种否认从某种意义上讲，是一种自我保护，帮助当事人不因悲痛即刻崩溃。经过一段时间之后，否认的态度才会逐渐消散，当事人开始接受丧失的事实，开启疗愈的过程。此时，之前被否认的痛苦感受，也开始真实地浮现出来。

第二阶段：愤怒——"为什么是我？"

面对丧失的事实，当事人会爆发出愤怒的情绪。这种愤怒可能会指向自己，埋怨自己未能阻止悲剧的产生，未有能力保护好挚爱的人；这种愤怒还可能会指向他人，埋怨家人为什么没有好好照看逝者，埋怨医护人员未能尽力挽救亲友的生命；有时这种愤怒还可能会指向逝者，怨他们没有好好照顾自己，狠心地离自己而去……当事人感觉这个世界很不公平，甚至认为自己是最不幸的人，总之有充分的理由去愤怒。

愤怒是自然疗愈必经的环节，它意味着当事人开始有力量让那些无法承受的痛苦感受浮现出来。这个时候，不要去批评、压抑和否认愤怒的情绪，但也不能让自己一味地沉浸其中，这样的话不仅会消耗巨大的身心能量，还会破坏能给自己带来支持的人际关系。

第三阶段：讨价还价——"如果……我宁愿……"

无论怎样愤怒，都无法改变丧失的事实。在意识到这一点之后，当事人会在内心开始进行"如果能让这件事不发生，我宁愿……"的独白，试图与现实讨价还价，抱着一丝希望能够推翻丧失的事实，让自己得到些许安慰。这个阶段就像是一个"中转站"，在给心灵预留调试的时间，但如果在此停留过久的话，就可能会陷入内疚、自责、懊悔的循环中，严重地消耗身心能量。

第四阶段：沮丧——"悲伤让我无法自持。"

在经历了讨价还价之后，当事人会重新把关注点拉回到当下，并发现无论怎样都无法改变丧失的事实，它确确实实发生了。然后，开始进入五个阶段中最痛苦的关口。悲伤会如潮涌般袭来，让当事人撕心裂肺。在这个阶段，他们甚至会觉得，生活没有任何意义，不知道自己是不是还要继续活下去。伴随着悲伤而来的忧郁，可能会让当事人坠入黑漆漆的深渊。因为沮丧和忧郁，当事人的生活节奏也会随之变慢，他们回去仔细回味，究竟失去了什么？这个时候，他们需要有人静静地陪伴，偶尔也想要独处。待这份沮丧的情绪完成任务之后，它便会自动离去。

第五阶段：接受——"生活还是要继续的。"

在理想的情况下，经历过上述的四个阶段后，当事人会进入哀伤的最后一个阶段，即接受丧失的现实，重新构建生活，适应活在挚爱离去的世界。他们不再对挚爱离去的原因躲躲闪闪，有力量去承认，人生就是一个不断失去的过程，离开的人到了该离开的时候，而活着的人还要继续活着。把对挚爱的怀念安放在内心的某个角落，想念时与他们重新联结。他们不存在于现实生活中了，可他们曾经带给我们的一切美好，永远不会消逝。

以上就是哀伤的五个阶段，这些阶段发生的次序有时是不一的，且有可能同时处于一个以上的阶段。每个人经历的阶段不同步，我们也没办法强迫一个人去度过某个阶段，每个人都只能按照自己的节奏来，偶尔还可能会进一步退两步。

只有这五个阶段都被完成时，疗愈才会发生。如果在其中的某一个阶段被困住，哀伤的过程就没有完成，也就无法疗愈。有些人经过数周或数月就开始感觉变好，而有些人则要经过数年才感觉变好。无论怎样，都要对自己保持耐心，对生活保持信心，也要允许自己经历情绪的反复。

为了避免让悲伤逆流成河，我们能否积极主动地做点什么呢？下面有几条建议可供参考。

建议1：允许自己感受伤痛

不能一直停留在"否认"的逃避阶段。情绪犹如一条流动的河，你在某个地方堵住了它，迟早会迎来更大的爆发。心理学家做过一个统计，15%的心理疾病的根源在于未被解决的悲伤。在需要处理悲伤的时刻，没能得到恰当的援助，从而导致了更坏的结果。

英国哀伤治疗师茱莉亚·塞缪尔在其著作《悲伤的力量》中指出，真正持续伤害一个人的并不是失去本身，而是持续为了逃避痛苦所做的事，比如抽烟、酗酒、吸毒、滥用药物等，短时间内可能逃过了痛苦，可清醒过后，内心会升腾更多的悲伤。相比这样的做法，允许自己悲伤，允许自己释放内心各种各样的负面情绪，反倒是对疗愈有利。在茱莉亚·塞缪尔看来，治愈悲伤的第一步，就是要允许自己感受伤痛。

建议2：用正确的方式表达悲伤

丧失的悲伤是难以一下子消解的，茱莉亚·塞缪尔说："悲伤是一个往返于失去与恢复的动态过程。"承受丧失的痛苦时，当事人往往没办法活在当下，因为活在当下就意味着要面对丧失的事实。他们依旧活在"挚爱还在"的过去，无法从中抽离。

越是沉浸于其中，越无法正视现实。为了防止这份悲伤不断蔓延，要学会用正确的方式去表达，比如向亲人朋友或专业的心理咨询师倾诉，写下自己的感受，用画画来表达，都是可行的。

建议3：与逝者做一场告别

这是一件非常重要的事，很多丧失都是突然发生的，使当事人没办法与逝者见最后一面、说最后的话、做最后的道别。至亲至爱的人就这样离开了，没有了对方的生活该怎么继续呢？

这个时候，需要借助一些方法与逝者进行道别，比如给逝者写一封信，对着逝者的照片讲述自己的感受和想法，把逝者生前的照片整理成回忆册，把从逝者那里学到的东西传承下去。

让未完成的事件成为完结，即便失去了在物理上与对方的联结，但依然可以通过想念、回忆过去、写信等方面，与逝者保持情感联结。死亡并非永别，忘记才是，记得我们所爱的人，他们便永远活在我们的情感世界中。

建议4：寻求社会支持

失去挚爱后，很多人会把自己封闭起来，拒绝与外人沟通交往。偶尔的独处是可以的，但不要彻底与他人断了联系，因为哀伤不是一个独自舔舐伤口的过程，它需要自爱与他爱的支持。周围环境的理解和支持，是帮助我们走出悲伤的一个重要因素，这些关心会让我们感觉到这个世界上依然有人爱着我们，爱是一股强大的力量。

建议5：恢复迷失的自我

在丧失挚爱的那一刻，我们也丧失了一部分自我。

有一位女士在失去丈夫后，生活完全改变了，她过去很喜欢社交活动和徒步旅行，而现在却极力回避他们共同的朋友，以及相关的活动。在之后的七八年里，她始终没有发现新的兴趣和热情可以弥补这部分空白，生活就和刚刚失去丈夫时一样空虚和不完整。

就这样的情况，我们需要找寻全新的方式来表达自己的身份：

1. 列出事件发生之前，你自己认为或他人认为的，你所具备的品质、能力和特点；

2. 上述所列的品质或能力，与你现在的生活关联最少的是哪些？

3. 针对你选出的事项，说明为什么你会觉得它现在与你的生活无关？或者你为什么现在失去了这项品质或能力？

4. 你可以通过哪些人、哪些活动、哪些方式来重新恢复它们，并且做得很好？

5. 根据可行性和情感管理的需要，为上述的清单事项进行排序。
6. 根据排序表设定目标，并争取做到最好。

这个过程，就是在与有价值、有意义的那些方面的自我重新建立连接，恢复个体的重要身份，继而放下过去，继续前行。

建议6：进行反事实思维练习

在哀伤的第三个阶段中，我们会陷入"讨价还价"中，设想"如果……就好了"，以此想象事件的另一个结局。然而，这样做是无益的，也没办法让我们找寻到悲剧的意义。

对此，我们不妨做一个"反事实思维"练习，假设如果事件没有发生，或者事件的结局更糟的话，生活会是怎样的一番景象？

1. 如果时间没有发生，你今天的生活会有什么不同？
2. 在什么情况下，事件的结果会更糟糕？
3. 是什么因素阻止了这些糟糕结果的出现？
4. 这些更糟糕的结果没有出现，你觉得应该如何感恩？

完成这项练习后，给自己一点时间来恢复，汲取有益的想法和观点。

建议7：与家人重塑情感联结

亲人的逝去，会造成原有的家庭在结构和功能上发生变化，家庭成员与逝者的角色互动不一样，情感联结不一样，因而各自的感受和处理哀伤的方式就不尽相同。面对这样的情况，要尊重每个人的处理方式。与此同时，家庭成员之间可以直接交流和表达对逝者的想法和感受，相互支持、写作，重新塑造家庭的结构与功能。家庭成员之间，也可以在感情、心理、精神上建立全新的情感联结，有爱的陪伴和支持对走出哀伤至关重要。

电影《千与千寻》里说："人生就是一列开往坟墓的列车，路途上会有很多站，很难有人可以自始至终陪着走完。当陪你的人要下车时，即使不舍也该心存感激，然后挥手道别。"我们要尊重逝去的生命，也要相信生活的美好。如果上述的这些建议，依旧无法帮助你面对和处理失去挚爱的哀伤，请记得及时寻求专业人士的心理援救。

06　强迫：在身心上比强迫症更强大

童话诗人艾伦·亚历山大·米尔恩在《线与方块格子》中，写了这样一个情景：

"无论何时，走在伦敦的大街上，我都会仔细地盯着我的脚步，我要走在街道的方格子里，还要避开狗熊的粪便，因为那狗熊正躲在角落里，准备吃掉那些踩到方块格子之间线上的笨蛋。快回到你的巢穴里去，我对它们说：'狗熊，看看我，只走在方块格子里。'"

是不是很熟悉？

其实，每个人多少都会有些小怪癖，有时我们也希望它们不存在，但那些想法和习惯却是难以改变的。直到有一天，当我们被强迫观念包围，自由意念失去了掌控，习惯举动变成了强迫行为，我们才可能会意识到，自己掉进了一个名叫"强迫症"的怪圈。

强迫症，是一种以强迫观念和强迫行为为主要临床表现的心理疾病，最主要的特点就是有意识地强迫与反强迫并存，一些毫无意义甚至违背自己意愿的想法或冲动，反复地侵入患者的日常生活。虽然患者体验到这些想法或冲动是来自自身，并极力地反抗，却始终没办法控制。两种强烈的冲突让患者感到巨大的痛苦和焦虑，影响正常的学习、工作、人际交往以及生活起居。

无论出现什么样的强迫观念与强迫行为，请你记住一句话：这并不是你的错，而是强迫症在作祟。美国加州大学洛杉矶分校医学院的知名精神病学教授杰弗里·施瓦兹在《脑锁》里提出：强迫症患者的症状，与患者脑部的生化失衡引发的大脑运转失灵有关。

无论怎样，强迫症不是不可治的。美国研究人员杰弗瑞·M.史瓦特与贝弗利·贝耶特通过详细的调查研究发现，如果强迫症患者主动学习驾驭强迫症，调整自己的思维，配合药物和行为治疗，被治愈的成功率可以达到80%。剩下那些没有被治愈的人，甚至病情变得更为严重的人，绝大多数都是因为丧失了斗志，自甘沉沦。为此，他们对强迫症患者们提出了一个真诚的忠告："无论从身体上还是心理上，你都必须要比强迫症更强大。如果屈服于症状，会让你的情况进一步恶化，使你只能待在房间里，待在床上，像一颗蔬菜那样腐烂掉。"

为了避免被强迫症完全操控，有几件事情是我们一定要警醒和控制的。

1. 不要封闭自我，沉迷于痛苦中

不听命于强迫症，就要学会面对现实，接受痛苦。如果症状尚未达到严重影响你无法执行原来角色功能的程度，就继续上学或工作，这样能够让许多相关的治疗更容易实施。如果长期封闭自己，就导致过多的精神能量无处释放，继而更多地关注自己的症状和状态，让强迫变得更严重。

2. 不要盲目夸大强迫症，被感觉愚弄

认识到强迫症的病症与危害是好事，但如果过分夸大强迫症的力量，对它过度恐惧，总是不停地暗示自己：我没法避免，我控制不了……就会导致强迫的症状越来越严重。

3. 不要扩大强迫症，陷入不断泛化的怪圈

很多强迫症患者，最初的强迫观念只有一个，后来发展到强迫的观念越来越多，一个接一个地强迫，或是同时强迫。如果要阻止强迫的泛化，就要充分意识到泛化的存在——出现泛化时，及时地认识到这并非出现了

什么特殊的问题，而是症状在泛化，内心的焦虑情绪就会降低。如果能做到不去理睬这些反复出现的观念，泛化就不会对患者产生太大的影响，最怕的就是反复琢磨它，结果就掉进了不断泛化的怪圈。

4. 不要坐等强迫症消失，寄托于虚无的幻想

现实中存在这样的案例，某人曾经有反复洗手的行为，但后来这些行为消失了，此后也没有再犯。于是，很多人希冀这样的奇迹能发生在自己身上，祈祷强迫症可以主动离开。这是不明智的做法，强迫症的问题是脑子"卡壳"了，想让复杂的大脑重新回归正常的工作，即便真有这样的可能，也得需要漫长的时间。坐等强迫症消失，那无异于把自己狠心丢在强迫症的怪圈里。

那么，强迫症患者该如何来实现自我帮助、自我疗愈呢？简单概来说，要做好三件事。

第一件事：正确认识强迫症，了解自己的强迫症状况

通过专业的书籍或向医生咨询，充分地认识强迫症。同时，对自己的病况有真实的了解，列出自己有哪些强迫观念，根据严重程度和麻烦大小进行排序，并列出这些强迫观念导致的强迫行为。借助这样的清单，了解自己的病症程度，是比想象中稍好还是更差？继而采取相应的措施。

第二件事：接受无法改变的事实，强迫症无法即刻消失

走上自我疗愈之路，就意味着要接受无法改变的事实，即强迫症无法在短时间内彻底从你的生活中消失，治愈它是一个长期的过程。了解这一点非常重要，这能够避免在尝试一次努力而遭遇失败后，丧失斗志和信心。当你认识到疗愈的过程中会经历反复，就已经从中汲取到了力量，并日渐变得强大。慢慢地，你也会不那么在意那些困扰你的念头。

第三件事：改变被动的状态，采取积极主动的行动

如果强迫症的症状尚未影响自身的角色功能，一定不要把自己封闭起来，陷入无所事事之中，这样很难调动精神力量为卡壳的大脑解锁，只会让强迫症变得更糟。

真正有助于疗愈强迫症的做法，是找到一件你自己必须要做的事情（能够创造价值，有益于他人），而不是强迫症要你做的事情，这是一个很重要的选择。比如，你走在上班或上学的路上，强迫症却要你回去检查门锁、检查燃气，这个时候你就要提醒自己：上班或上学更重要！如此，你就有动力继续往前走，这样的选择也能够帮助你提升信心，改善病症。

总之，没有什么灵丹妙药能够瞬间治愈强迫症，唯一能够做的就是，不忽略它、不恐惧它，也决不顺从于它。积极地与它作战，表现得比它更加强大，这才是自助的正途。

07 拖延：
用看得见的改变促生行动力

加拿大卡尔顿大学的蒂姆·皮切尔与英国谢菲尔德大学的弗斯基亚·西罗斯等专家指出，拖延不是时间管理的问题，而是情绪管理的问题，即"人们陷入这种长期拖延的非理性循环，是因为他们无法控制围绕一项任务的消极情绪。"

拖延是一种严重的精神内耗，而内耗的根源藏于心。每一次的拖延，都可能是由于不同原因所导致，唯有知晓会导致拖延的深层次的心理根源，才能够在拖延来袭时，知道自己究竟在"拖"什么，继而找到相应的解决办法。概括来说，导致人拖延的心理症结主要有以下几种：

○ 拖延的心理症结1：害怕接受挑战，内心存在恐惧
○ 拖延的心理症结2：习惯性担忧，被焦虑情绪所困
○ 拖延的心理症结3：不喜欢所做之事，潜意识在抵触
○ 拖延的心理症结4：苛求完美，无法容忍瑕疵与不足
○ 拖延的心理症结5：全知全能的幻觉，误以为能掌控时间
○ 拖延的心理症结6：不敢直接对抗，用拖延找回心理平衡

理解这些深层次的拖延原因后，当头脑里再次冒出拖延的念头时，可以给自己"把把脉"：到底是害怕面对挑战，还是完美主义在作祟？是不喜欢这件事，还是被习惯性的担忧困扰？找到真正的原因，就可以更有针对性地去解决心理症结。

接下来，是不是理解了心理症结，就能立刻投入行动了呢？没那么容易！

以做家务来说，我们都喜欢待在宽敞明亮、一尘不染的屋子里，同时我们也深刻地了解家庭大扫除有多么辛苦。有时，由于没有及时打扫卫生，

眼见着房间里的杂物变得越来越多，脏衣服堆砌在床头，厨房的灶台面污渍斑斑……这样的情景令人厌恶，也令人焦虑和畏惧。

说起来，把脏衣服扔进洗衣机，并不是什么难事；用一块抹布擦拭灰尘，似乎也不是太困难。可这些微不足道的小事叠加在一起，却会让我们感到恐惧，忍不住地想要拖延。因为我们的脑海里浮现了一个终极目标：从客厅、卧室到厨房、卫生间，要把整个房子都打扫得一尘不染！这个工作量太庞大了，大到让我们感到恐惧。

我们总是会经历这样的时刻，该怎么做才能终结拖延的状态，投入行动之中呢？

答案就是——设置小里程碑，体验到有所进展的感觉，促生继续行动的力量。

有一位名叫马拉·西利的家务达人，提供了"5分钟房间拯救行动"：拿出厨房计时器，定时5分钟；走到最脏最乱的房间，按下计时器，开始收拾；定时器一响，坦然停工！

这样的操作，是不是很简单？别小看这简单的5分钟，它是开启行动的一个小策略。我们都知道，收拾5分钟不会有特别明显的效果，但这并不重要，真正重要的是，你开始行动了！

开始一项不喜欢的活动，永远比继续做下去要难。只要开始去做这件事，即便5分钟的时间到了，依然还是有可能继续打扫下去的。

当你惊喜地发现，收拾这个房间也没有那么困难，并且开始欣赏自己的成果：干净的洗手池、光亮的马桶、整洁的卫生间，接着是干净的客厅，焕然一新的厨房……自豪感与自信心交替增长，就形成了良性循环。这一策略不仅适用于做家务，你完全可以把它用在工作、学习和健身等其他方面，就从最简单的"5分钟"开始，感受一下看得见的改变促生的行动力。

08 情绪化进食：
与真实的情绪建立连接

这是来自BBC《完美记录》纪录片的一个真实案例。

艾莉森在生活中遭受的最大的困扰，是她总依靠进食来缓解负面情绪。在艾莉森心里，食物与她之间有一种"非正常"关系，而这一关系的起源要追溯到她童年时期。

当艾莉森还是一个小女孩的时候，她经常受到惩罚和虐待。每当她淘气了、不听话，不认真写作业，或是做错事时，父母就会惩罚她。惩罚的方式就是不允许她吃饭，或是逼着她吃类似被水泡过的面包那样糟糕的食物。

对艾莉森来说，在很长的一个人生阶段里，吃饭于她就是一种惩罚。正因为此，她对事物滋生了强烈的渴望和依赖。从15岁开始，每当她遇到压力和沮丧的事情时，就会用狠狠吃一顿的方式来"化解"，且会选择不健康的食物。

这种行为模式，一直持续了五十年，哪怕是艾莉森结婚生子，有了自己的家庭，过上了幸福的生活。每当她觉得心情不好时，还是会径直地走向厨房寻找食物，借此发泄情绪。

艾莉森一直认为，因为童年期遭受的惩罚导致她过度依赖食物。然而，在科学家和医生对她进行检查之后，对她的诊断是——情绪化进食。

当我们因为情绪而选择进食时，也许能暂时把情绪压制住，但没办法让情绪真正消释。相反，这样的行为还可能会给我们增加心理负担，演变成对体重渐增、身材走样的羞愧与焦虑。

所谓情绪性进食，就是饮食被情绪所影响的问题。美国资深临床心理学家珍妮弗·泰兹认为，情绪性进食通常存在以下表现：

○ 在身体并未感到饥饿或是已经吃饱的时候吃零食

○ 在吃了足够的健康食物后仍然感觉不到满足

○ 对某种特定的食物充满强烈的渴望

○ 在嘴巴塞满的时候还在急迫地囤积食物

○ 在进食的时候感觉到情绪放松

○ 在经历压力事件的过程中或之后吃东西

○ 对食物感觉麻木不仁

○ 独自进食以躲避他人的目光

情绪化进食不是因为生理性饥饿，而是由情绪导致的。很多情绪化进食的朋友，大概也注意到了这样一个事实：自己一旦产生任何强烈的情绪，直接就跳到吃喝上去，根本不去体验这种情绪本身是什么滋味？说白了，就是丧失了与自己情绪的接触，一有情绪就选择用进食来应对，既无法准确识别自己的情绪是什么，也感受不到情绪要传达的信息。

吃东西的时候，暂时把情绪放到了一边，觉得很享受。吃完之后，情绪的根源问题还在那里，并没有得到解决。与此同时，又会多了一个新的问题和压力：吃下身体本不需要的食物和热量，增加了肥胖和患病的风险，以及体重渐增、身材走样的羞愧与焦虑。

你猜一猜，接下来还会发生什么？没错，过不了多久，还要再次用吃东西来抵消"心烦意乱"的情绪。这就是情绪性进食的一个怪圈：依赖吃东西驱散消极情绪，获得片刻的快乐。久而久之，对食物形成了难以控制的依赖。那么，能否不依靠食物，让自身产生积极的情绪呢？

当然可以，但有一个前提条件：与自己真实的情绪连接！

当我们体验到了某种情绪，并通过进食的方式来回应时，可能会让这种情绪加剧，并由情绪化进食引发其他的负面情绪。所以，情绪性进食的问题不是食物而是情绪，比起如何限制自己进食而言，学会如何去对待情绪，如何与情绪建立连接，更为重要和有效。

对情绪性进食者来说，与自己的情绪建立连接，需要一个学习和适应的过程。美国心理学家珍妮弗·泰兹在《驾驭情绪的力量》一书中，提出过与之相关的练习，我们可以借鉴参考，以便在负面情绪来袭时，开启一个全新的、正确的纾解情绪之道。

准备一张纸、一支笔，尽量做到不加评判地回答下面的问题：

1.回想你上一次暴饮暴食或因情绪进食的情境：当时发生了什么？或即将要发生什么？你在什么地方？和谁在一起？

2.现在事情已过去一段时间，尽力回想：你当时的情绪是什么？感受如何？

3.那个情绪是影响了你的进食量，还是进食速度？抑或对食物的选择？

4.再回想一下，你以那种方式进食后，情绪和感受是什么？

当你开始真正关注那些导致暴食的感受时，你就是在培养自己的觉察力。不加评判地去做这个练习，可以为你提供一个全新的视角，看到自己的情绪和饮食是如何互动的。

随着练习的增多，你会发现自己越来越懂得识别情绪，当负面情绪来袭时，你会提醒自己："这是焦虑的感觉，它就是引发我进食的诱惑。"识别出了焦虑情绪，就可以有针对性地处理焦虑，而不是去盲目地进食。

【自我训练】思考对情绪的信念

情绪之所以会对我们的行为发生影响,是因为我们有关于情绪的信念。现在要做的这个练习,就是帮助我们觉察自己对情绪的信念,提醒自己当情绪发生的时候该怎样应对。

请试着在纸上列出你对不同情绪的信念,特别是那些会触发你情绪化进食的情绪。

1.哪种情绪比较容易触发你情绪化进食?

——快乐。

2.你对这个情绪的信念是什么?

——我没有资格享受快乐。

3.这些信念如何影响你?

——每次体验到快乐或是自得其乐时,我会感到羞愧,感觉"对不起"父母,他们都没有享受过快乐,一直过得很辛苦。

4.这对你有帮助吗?

——没有,我的羞愧会让自己难受,而父母从来就不知道这些。

5.对这个情绪的其他可能看法?

——每个人都有资格享受快乐,我也一样。虽然父母过得辛苦,但他们应该也希望我过得开心。快乐能带给我热情和动力,让我有条件回馈给父母一些好的东西。

不带评判地关注自己的感受,就是你需要知道它是什么,但不用去评判它。这样做的好处是防止被情绪绑架——仅仅因为自己有某种情绪就认为自己"不好"。当你了解了自己的情绪是什么,就可以有针对性地去处理它了,这是解决问题的根本。